Speicheldrüsen-erkrankungen

Aktuelle Diagnostik und Therapie

Herausgegeben von
H. Weidauer und H. Maier

Mit Beiträgen von
D. Adler   H. Bihl   H.-G. Boenninghaus   I. A. Born
B. P. E. Clasen   M. Deeg   G. Feichter   A. C. Feller
M. Flentje   G. Gademann   J. Haels   B. Kimmig
A. Küchenhoff   H. Kuttig   T. Lenarz   K. Lennert
H. Maier   H. F. Otto   U. Schmidt   W. Schwab
K. Schwechheimer   G. Seifert   W. Semmler
E. Stennert   K. zum Winkel   J. Wustrow   D. Zielinsky

Mit 109 zum Teil farbigen Abbildungen

Springer-Verlag Berlin Heidelberg New York
London Paris Tokyo

Professor Dr. med. H. WEIDAUER
Dr. med. H. MAIER

Kopfklinikum
Hals-Nasen-Ohrenklinik der Universität
Im Neuenheimer Feld 400
D-6900 Heidelberg

ISBN-13:978-3-642-73340-6   e-ISBN-13:978-3-642-73339-0
DOI: 10.1007/978-3-642-73339-0

CIP-Titelaufnahme der Deutschen Bibliothek
Speicheldrüsenerkrankungen : aktuelle Diagnostik u. Therapie /
hrsg. von H. Weidauer u. H. Maier. Mit Beitr. von D. Adler ...
- Berlin ; Heidelberg ; New York ; London ; Paris ; Tokyo :
Springer, 1988
 ISBN-13:978-3-642-73340-6

NE: Weidauer, Hagen [Hrsg.]; Adler, Detlev [Mitverf.]

Dieses Werk ist urheberrechtlich geschützt. Die dadurch begründeten Rechte, insbesondere die der Übersetzung, des Nachdrucks, des Vortrags, der Entnahme von Abbildungen und Tabellen, der Funksendung, der Mikroverfilmung oder der Vervielfältigung auf anderen Wegen und der Speicherung in Datenverarbeitungsanlagen, bleiben, auch bei nur auszugsweiser Verwertung, vorbehalten. Eine Vervielfältigung dieses Werkes oder von Teilen dieses Werkes ist auch im Einzelfall nur in den Grenzen der gesetzlichen Bestimmungen des Urheberrechtsgesetzes der Bundesrepublik Deutschland vom 9. September 1965 in der Fassung vom 24. Juni 1985 zulässig. Sie ist grundsätzlich vergütungspflichtig. Zuwiderhandlungen unterliegen den Strafbestimmungen des Urheberrechtsgesetzes.

© Springer-Verlag Berlin Heidelberg 1988
Softcover reprint of the hardcover 1st edition 1988

Die Wiedergabe von Gebrauchsnamen, Handelsnamen, Warenbezeichnungen usw. in diesem Werk berechtigt auch ohne besondere Kennzeichnung nicht zu der Annahme, daß solche Namen im Sinne der Warenzeichen- und Markenschutz-Gesetzgebung als frei zu betrachten wären und daher von jedermann benutzt werden dürften.

Produkthaftung: Für Angaben über Dosierungsanweisungen und Applikationsformen kann vom Verlag keine Gewähr übernommen werden. Derartige Angaben müssen vom jeweiligen Anwender im Einzelfall anhand anderer Literaturstellen auf ihre Richtigkeit überprüft werden.

Reproduktion der Abbildungen: Gustav Dreher GmbH, Stuttgart

2122/3130-543210

Mitarbeiterverzeichnis

Die Anschriften sind jeweils bei Beitragsbeginn angegeben

ADLER, D.   29, 37
BIHL, H.   47, 97
BOENNINGHAUS, H.-G.   45
BORN, I. A.   17, 47, 53, 69, 85
CLASEN, B. P. E.   155
DEEG, M.   29
FEICHTER, G.   85
FELLER, A. C.   167
FLENTJE, M.   189
GADEMANN, G.   123
HAELS, J.   111
KIMMIG, B.   189
KÜCHENHOFF, A.   47
KUTTIG, H.   189
LENARZ, T.   111, 123
LENNERT, K.   167
MAIER, H.   17, 29, 37, 47, 69, 85, 97
OTTO, H. F.   53, 69
SCHMIDT, U.   167
SCHWAB, W.   155
SCHWECHHEIMER, K.   53, 69
SEIFERT, G.   1
SEMMLER, W.   123
STENNERT, E.   177
ZUM WINKEL, K.   189
WUSTROW, J.   167
ZIELINSKY, D.   141

Vorwort

Den Erkrankungen der Kopfspeicheldrüsen kommt eine wachsende Bedeutung zu. Allein in der Hals-Nasen-Ohren-Klinik der Universität Heidelberg suchten 1984/85 740 Patienten mit Speicheldrüsenerkrankungen Rat und Hilfe. Diesen erhöhten Anforderungen wird in manchen Hals-Nasen-Ohren-Kliniken durch eine spezielle Speicheldrüsen-Sprechstunde Rechnung getragen.

Diagnostik und Therapie bei Speicheldrüsenkrankheiten haben in der letzten Zeit einen Wandel erfahren: Szintigraphie, Kernspintomographie, Speichelchemie, Aspirationszytologie und Immunhistologie brachten eine ungeahnte Fülle neuer Erkenntnisse, verfeinerten die diagnostischen Möglichkeiten und erweiterten das Verständnis für biochemische und pathophysiologische Abläufe in den Kopfspeicheldrüsen. Auch die medikamentöse und chirurgische Therapie wurde differenzierter auf neue Erkenntnisse abgestimmt.

Der Bitte vieler Teilnehmer am Gießener Speicheldrüsen-Symposium nach einer umfassenden Publikation der dort gehaltenen Vorträge soll dieses Buch Rechnung tragen. Es soll weiterhin allen im Kopf-Halsbereich tätigen Ärzten als Leitfaden dienen, der die Vertiefung in umfangreichere Werke des gleichen Themenkreises noch reizvoller gestalten wird.

H. WEIDAUER
H. MAIER

Inhaltsverzeichnis

Histopathologie und Pathogenese der obstruktiven Sialadenitis
G. SEIFERT. Mit 6 Abbildungen   1

Die chronisch-rezidivierende Parotitis – Modell einer lokalen
Entgleisung des glandulären Kallikrein-Kinin-Systems
H. MAIER und I. A. BORN. Mit 7 Abbildungen 17

Zur Therapie der chronisch-rezidivierenden Parotitis
M. DEEG, H. MAIER und D. ADLER. Mit 3 Abbildungen 29

Moderne Therapie der Sialolithiasis
D. ADLER und H. MAIER. Mit 4 Abbildungen 37

Parotisschwellungen bei Dystrophikern
Nach einem Diskussionsbeitrag von H.-G. BOENNINGHAUS 45

Sialadenose bei Bulimia nervosa
H. MAIER, I. A. BORN, H. BIHL und A. KÜCHENHOFF 47

Immunhistologische Charakterisierung
maligner Speicheldrüsentumoren
H. F. OTTO, I. A. BORN und K. SCHWECHHEIMER.
Mit 8 Abbildungen 53

Zur Histogenese der Zystadenolymphome
I. A. BORN, K. SCHWECHHEIMER, H. MAIER und H. F. OTTO.
Mit 7 Abbildungen 69

Zum Stellenwert der Feinnadelpunktions-Zytologie
in der Diagnostik der Glandula parotis
G. FEICHTER, H. MAIER und I. A. BORN. Mit 14 Abbildungen . . . 85

Szintigraphie der großen Kopfspeicheldrüsen
H. BIHL und H. MAIER. Mit 5 Abbildungen 97

Die Ultraschalldiagnostik benigner und maligner Parotistumoren
J. HAELS und T. LENARZ. Mit 13 Abbildungen 111

Einsatz der Kernspintomographie bei
Speicheldrüsenerkrankungen
G. GADEMANN, W. SEMMLER und T. LENARZ. Mit 11 Abbildungen . 123

Die Bedeutung der Sialographie
im Zeitalter moderner bildgebender Verfahren
D. ZIELINSKY. Mit 14 Abbildungen 141

TNM-Klassifikation maligner Tumoren der Kopfspeicheldrüsen
W. SCHWAB und B. P. E. CLASEN 155

Inzidenz maligner Lymphome bei der
myoepithelialen Sialadenitis
J. WUSTROW, A. C. FELLER, U. SCHMIDT und K. LENNERT.
Mit 5 Abbildungen 167

Besonderheiten der chirurgischen Therapie von Parotistumoren
E. STENNERT. Mit 7 Abbildungen 177

Ergebnisse der Strahlentherapie
bei malignen Speicheldrüsentumoren
B. KIMMIG, M. FLENTJE, H. KUTTIG und K. ZUM WINKEL.
Mit 5 Abbildungen 189

Sachverzeichnis 199

Histopathologie und Pathogenese der obstruktiven Sialadenitis

G. SEIFERT

Zusammenfassung

Die obstruktive Sialadenitis stellt die häufigste Entzündungsform der Speicheldrüsen dar. Im Untersuchungsmaterial des Speicheldrüsen-Registers der Jahre 1965-1985 entfielen von 3353 Untersuchungsfällen mit Speicheldrüsenentzündungen 1097 Fälle (ca. 30%) auf die obstruktive Sialadenitis. Der Altersgipfel des Vorkommens lag in der 6. Lebensdekade. 55,5% der Fälle wiesen eine männliche Geschlechtsdisposition auf. In 70% war die obstruktive Sialadenitis in den großen Speicheldrüsen lokalisiert, in 30% in den kleinen Speicheldrüsen.

Bezüglich der Histopathologie und Pathogenese lassen sich folgende Feststellungen treffen:

1. Nach dem Schweregrad lassen sich vier Stadien der obstruktiven Sialadenitis unterscheiden. Das Initialstadium ist durch eine mäßige Sekretstauung und Speichelgangerweiterung, eine fokale periduktale lymphozytäre Infiltration und einen noch weitgehenden Erhalt der Läppchenstruktur gekennzeichnet. In den Stadien 2 und 3 nimmt der Schweregrad der obstruktiven Entzündung zu. Im Stadium 4 findet sich eine ausgeprägte diffuse obstruktive Sialadenitis mit Sklerosierung der Drüsenläppchen, Schwund der Drüsenendstücke, multifokalen Gangregeneraten, Epithelmetaplasien und Lymphfollikelbildung. Das Endstadium entspricht einer Speicheldrüsenzirrhose mit Zerstörung der Läppchenstruktur. Zwischen Schwere und Dauer der Gangobstruktion sowie den morphologischen Veränderungen am Speicheldrüsengewebe besteht eine direkte Korrelation.

2. In der Pathogenese der obstruktiven Sialadenitis spielen zwei Faktoren eine entscheidende Rolle: Mechanische Gangobstruktionen und Veränderungen in der Zusammensetzung des Speichelsekretes.

Zu den mechanischen Gangobstruktionen gehören andere Speicheldrüsenkrankheiten (vor allem Speicheldrüsenadenome, Sialolithiasis und Speicheldrüsenzysten; seltener maligne Speicheldrüsentumoren) und Erkrankungen des angrenzenden Kopfhalsbereiches. In den kleinen Speicheldrüsen führen orale Läsionen (Prothesen, Leukoplakien, Stomatitis mit entzündlichen Vernarbungen) zur Entstehung einer obstruktiven Sialadenitis, weiterhin auch Oralkarzinome und Tumormetastasen. Die Sialolithiasis mit besonders langer Dauer der Obstruktion

---

Mit Unterstützung des Hamburger Landesverbandes für Krebsbekämpfung und Krebsforschung

Institut für Pathologie der Universität, Martinistr. 52 UKE, D-2000 Hamburg 20

ist in einem wesentlich höheren Prozentsatz mit dem Stadium 4 der Sialadenitis korreliert als andere obstruktive Faktoren.

Primäre Sekretionsstörungen (sog. Dyschylien) mit Veränderungen der Elektrolytkonzentration und Schleimzusammensetzung führen zur Entstehung von Sekretschollen und Sphärolithen in den terminalen Speichelgängen. Dieser Befund läßt sich als sogenannte Elektrolyt-Sialadenitis definieren und stellt eine Sonderform der obstruktiven Sialadenitis dar. Unter experimentellen Bedingungen läßt sich durch Jodidgaben oder eine Kalziphylaxie eine obstruktive Sialadenitis erzeugen. Die Dyschylie mit Ausbildung von Kalziumkomplexen in den terminalen Speichelgängen ist das Vorstadium einer Sialolithiasis in den großen Speichelgängen.

3. Die obstruktive Sialadenitis muß differentialdiagnostisch von den anderen Formen der Sialadenitis abgegrenzt werden, bei denen bakterielle oder virale Infektionen, Strahleneinwirkungen oder immunpathologische Reaktionen die ätiologischen Faktoren darstellen. Allerdings können zusätzliche obstruktive Prozesse den Krankheitsverlauf auch bei den anderen Formen der Sialadenitis mitgestalten oder potenzieren.

Einleitung

Unter dem Gesichtspunkt der allgemeinen Pathologie stellt die *Obstruktion* ein pathogenetisches Prinzip dar, welches alle *Störungen des kanalikulären Transportes* umfaßt. Im Gegensatz zum Stoffwechsel, der durch intrazelluläre, an bestimmte Zellorganellen gebundene biochemische Veränderungen der Substrate definiert ist, läßt sich der Stofftransport mit einem Fließband in einer Fabrik vergleichen, welches die Substrate unverändert von einem Ort zu einem anderen befördert. Der kanalikuläre Transport findet in vorbestehenden Hohlraumsystemen statt. Durch eine Obstruktion wird der kanalikuläre Transport eingeschränkt oder sogar komplett unterbunden. Die Auswirkungen einer Obstruktion stehen in Relation zur Funktion und Struktur des kanalikulären Transportsystems. Als Beispiele lassen sich anführen:

- die arteriellen Verschlußkrankheiten mit den daraus resultierenden Zirkulationsstörungen,
- die obstruktiven Atemwegserkrankungen, z.B. die Emphysembronchitis,
- die obstruktiven Gallenwegserkrankungen mit mechanischem Ikterus oder aszendierender Cholangitis,
- die obstruktiven Darmerkrankungen mit mechanischem Ileus,
- die obstruktiven Harnwegserkrankungen mit Hydronephrose oder späterer Niereninsuffizienz oder
- der Hydrocephalus internus als Folge eines Verschlusses der Liquorabflußwege.

Das pathogenetische Prinzip der Obstruktion steht auch im Mittelpunkt des Ablaufs der obstruktiven Sialadenitis (16, 18). Im Untersuchungsmaterial des Speicheldrüsen-Registers der Jahre 1965-1985 stellt die obstruktive Sialadenitis die häufigste Entzündungsform der Speicheldrüsen dar. Im Hinblick auf die klinische Relevanz sollen folgende Merkmale der obstruktiven Sialadenitis näher definiert werden:

- die Histopathologie unter Berücksichtigung des Schweregrades und der Lokalisation
- die statistischen Daten (Lokalisation, Alters- und Geschlechtsverteilung)
- die auslösenden pathogenetischen Faktoren
- die differentialdiagnostische Abgrenzung von anderen Formen der Sialadenitis.

Histopathologie

Die Schwere und Dauer der Speichelgangobstruktion sind mit den morphologischen Veränderungen am Speicheldrüsengewebe korreliert. Nach dem Schweregrad lassen sich vier Stadien der obstruktiven Sialadenitis unterscheiden (Tabelle 1):

Im *Initialstadium* liegt eine fokale Sialadenitis vor, die durch eine mäßige Sekretstauung und Erweiterung des Speichelgangsystems und eine fokale mäßige periduktale lymphozytäre Infiltration gekennzeichnet ist. Im eigenen Untersuchungsgut entfallen knapp 50% auf das Stadium 1.

Im *Stadium 2* ist der Entzündungsprozeß mehr diffus im gesamten Drüsengewebe ausgebreitet. Insgesamt ist der Schweregrad der Entzündung noch gering, jedoch gegenüber dem Stadium 1 durch eine zunehmende periduktale Fibrose und durch fokale zelluläre Alterationen (Gangepithelmetaplasien, Gangregenerate, Azinusatrophie, intralobuläre Fibrose) gekennzeichnet. Das Stadium 2 wurde in 17% beobachtet.

Das *Stadium 3* unterscheidet sich vom Stadium 2 durch die stärkere Ausprägung aller histopathologischer Veränderungen (Abb. 1 u. 2). Dies gilt besonders für die zunehmende Parenchymatrophie, die interstitielle Fibrose und die Gangepithelalterationen mit Becherzell- und Plattenepithelmetaplasien. Trotz der diffusen Ausbreitung der Entzündung ist der Schweregrad in den einzelnen Drüsenläppchen unterschiedlich stark entwickelt. Zum Stadium 3 gehören 22% der untersuchten Speicheldrüsen.

Das *Stadium 4* stellt das Endstadium der obstruktiven Entzündung dar (Abb. 3-6). Der chronische Entzündungsprozeß hat zu einer ausgeprägten Sklerosierung des Drüsengewebes mit hochgradigem Schwund der Drüsenendstücke geführt. Weitere Merkmale sind die Ausbildung reaktiver Lymphfollikel, multifo-

Tabelle 1. Stadienverteilung (Schweregrade) der obstruktiven Sialadenitis (o. S.)

Stadium	Typus der o. S.	Häufigkeit %
1	Fokale o. S.	48,5
2	Geringe diffuse o. S.	17,0
3	Deutliche diffuse o. S. mit Parenchymatrophie und interstitieller Fibrose	22,0
4	Ausgeprägte diffuse o. S. mit Drüsensklerose und zirrhotischem Drüsenumbau	12,5

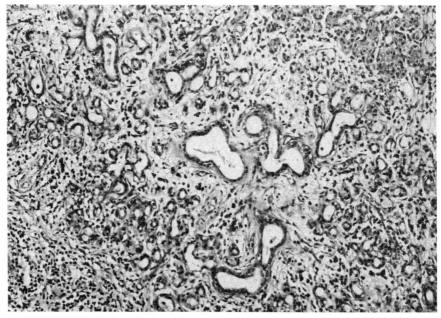

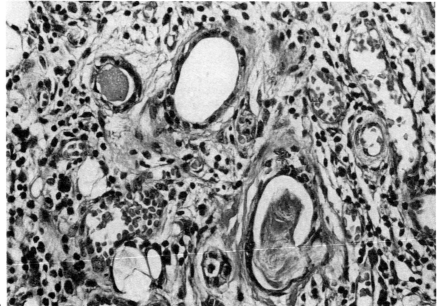

Abb. 1a, b. Obstruktive Sialadenitis der Submandibularis (Stadium 3) bei Sialolithiasis: **a** Parenchymatrophie, interstitielle Fibrose, Gangektasien und duktuläre Proliferation. **b** Sekretschollen in erweiterten Speichelgängen, periduktale Sklerose und entzündliche Infiltration. HE. **a** × 100, **b** × 250

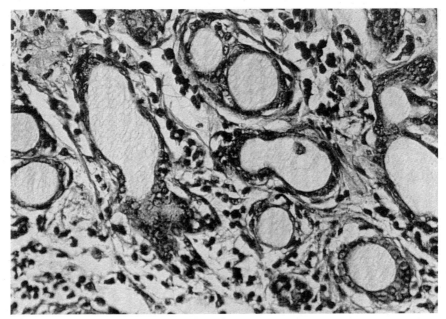

Abb. 2. Obstruktive Sialadenitis der Gaumendrüsen (Stadium 3) bei Melanommetastase: ausgeprägte Gangdilatationen, periduktale Zellinfiltration. HE. × 250

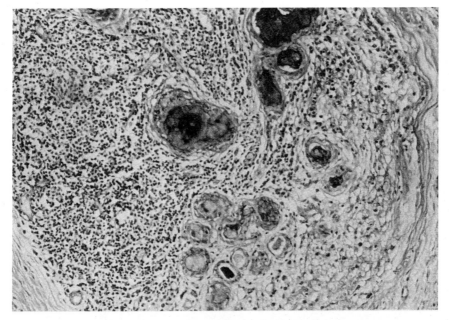

Abb. 3. Obstruktive Sialadenitis der Gaumendrüsen (Stadium 4) bei Plattenepithelkarzinom des Gaumens: Zerstörung der Läppchenstruktur, ausgeprägte interstitielle Zellinfiltration, Schwund der Drüsenendstücke, Sekretschollen in Speichelgängen. PAS-Reaktion. × 100

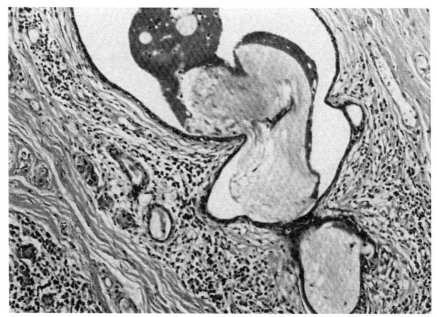

Abb. 4. Obstruktive Sialadenitis der Gaumendrüsen (Fall wie Abb. 3): massive Gangektasien mit viskösen Sekretschollen, periduktale Sklerose. HE. × 100

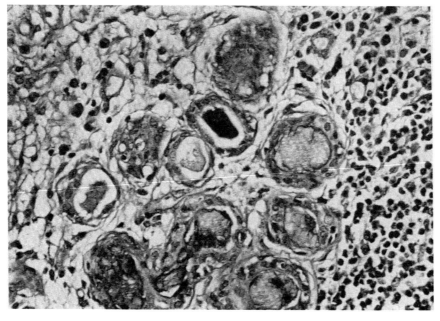

Abb. 5. Obstruktive Sialadenitis (Fall wie Abb. 3): kugelförmige Ektasien kleiner Speichelgänge mit Sekretschollen, periduktale Zellinfiltration. PAS-Reaktion. × 250

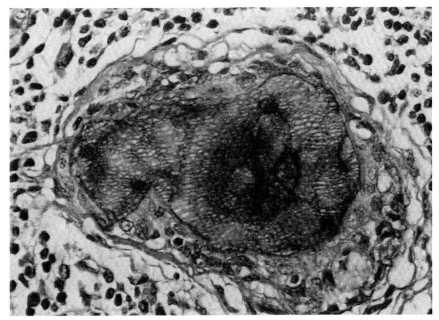

Abb. 6. Obstruktive Sialadenitis (Fall wie Abb. 3): zwiebelschalenartig geschichtete Sekretschollen in einem kleinen Speichelgang mit partieller Auflösung des Gangepithels und Schleimübertritt ins angrenzende Interstitium. PAS-Reaktion. × 400

kale Gangregenerate und eine Zerstörung der Läppchenstruktur mit Ausbildung einer Speicheldrüsenzirrhose. 12,5% der untersuchten Speicheldrüsen zeigten die Veränderungen des Stadiums 4.

Statistische Daten

Lokalisation

In 70% war die obstruktive Sialadenitis in den großen Speicheldrüsen lokalisiert, in 30% in den kleinen Speicheldrüsen (Tabelle 2). Berücksichtigt man zusätzlich zur Lokalisation den Schweregrad der Entzündung, so ergeben sich unterschiedli-

Tabelle 2. Lokalisation der obstruktiven Sialadenitis

Lokalisation	Häufigkeit %
Parotis	38,0
Submandibularis	25,5
Sublingualis	6,5
Kleine Speicheldrüsen	30,0

Tabelle 3. Altersverteilung der obstruktiven Sialadenitis

Altersgruppe (Jahre)	Häufigkeit %
0–10	0,5
11–20	3,5
21–30	6,5
31–40	10,0
41–50	18,0
51–60	22,0
61–70	20,0
71–80	16,0
Über 81	3,5

Tabelle 4. Häufigkeit der Krankheitsgruppen im Speicheldrüsen-Register 1965–1985 (Institut für Pathologie der Universität Hamburg)

Krankheitsgruppe	Häufigkeit n
Sialadenosen	348
Speicheldrüsenzysten	917
Sialadenitis (alle Formen)	3353
Speicheldrüsentumoren	3571
Lymphknotenkrankheiten der Speicheldrüsen	511
Neck dissection Präparate	1018
Speicheldrüseninfarkte	56
Sonstige Krankheitsgruppen und Veränderungen des Drüsengewebes	1168
Insgesamt	10942

Tabelle 5. Häufigkeit der Sialadenitis im Speicheldrüsen-Register (1965–1985)

Sialadenitisform	Häufigkeit n
Chronische Parotitis	701
Chronische Sialadenitis der Submandibularis	845
Chronische Sialadenitis der Sublingualis	54
Chronische Sialadenitis der kleinen Speicheldrüsen	292
Cheilitis granulomatosa Miescher	20
Myoepitheliale Sialadenitis	183
Epitheloidzellige Sialadenitis	52
Strahlen-Sialadenitis	45
Obstruktive Sialadenitis	1097
Sonstige Formen	64
Insgesamt	3353

che Verteilungsmuster. Bei den Stadien 1-2 beträgt die prozentuale Häufigkeit in der Parotis 77%, in den kleinen Speicheldrüsen 60%, in der Submandibularis 56% und in der Sublingualis 36%. Beim Stadium 4 dominiert dagegen die Submandibularis mit 37%. Danach folgen in absteigender prozentualer Häufigkeit die kleinen Speicheldrüsen mit 30%, die Parotis mit 20% und die Sublingualis mit 13%.

Alters- und Geschlechtsverteilung

Das *Durchschnittsalter* lag bei beiden Geschlechtern bei 52-55 Lebensjahren (Tabelle 3). Ein zusätzlicher Altersgipfel ergab sich für das männliche Geschlecht im 7. Lebensjahrzehnt. Hinsichtlich der *Geschlechtsverteilung* entfielen 55,5% der Fälle auf das männliche Geschlecht, 44,5% auf das weibliche.

Häufigkeit des Vorkommens

Im Untersuchungsgut des Speicheldrüsen-Registers (1965-1985) lagen bei insgesamt 10942 Untersuchungsfällen in 3353 Fällen Speicheldrüsenentzündungen vor (Tabelle 4). In 1097 Fällen (ca. 30%) handelte es sich um eine obstruktive Sialadenitis (Tabelle 5). Die Häufigkeit des Vorkommens der obstruktiven Sialadenitis liegt damit noch vor der der chronischen Sialadenitis der Submandibularis (845 Fälle) und der Parotis (701 Fälle). Alle übrigen Formen der Sialadenitis sind wesentlich seltener.

Pathogenetische Faktoren

In der Pathogenese der obstruktiven Sialadenitis spielen zwei Faktoren eine entscheidende Rolle: mechanische Gangobstruktionen und Veränderungen in der Zusammensetzung des Speichels.

Mechanische Gangobstruktionen

In der Mehrzahl der Fälle mit obstruktiver Sialadenitis wurde die Gangobstruktion durch andere Speicheldrüsenkrankheiten ausgelöst, in ca. 40% durch Erkrankungen des angrenzenden Kopfhalsbereiches.

In 45% lagen *benigne Speicheldrüsenkrankheiten* vor (Tabelle 6). Hierzu gehören Speicheldrüsenadenome, die Sialolithiasis und Speicheldrüsenzysten. In der Parotis sind pleomorphe Adenome, seltener Zystadenolymphome der auslösende Faktor für eine zumeist fokal betonte obstruktive Sialadenitis mit Entwicklung im Drüsenparenchym um die bindegewebige Tumorkapsel. In der Submandibularis spielt die Sialolithiasis die Hauptrolle als obstruktiver Faktor. Bei den Speicheldrüsenzysten (Tabelle 7) sind es vor allem die Speichelgangzysten der Parotis und die Schleimretentionszysten der kleinen Speicheldrüsen, welche zu einer obstruktiven Sialadenitis führen. Charakteristisch ist der herdförmig betonte Schweregrad

Tabelle 6. Häufigkeit des Vorkommens der obstruktiven Sialadenitis bei anderen benignen Speicheldrüsenkrankheiten

Krankheitsgruppe		Häufigkeit %
Speicheldrüsenadenome		49,5
Pleomorphe Adenome	39,5	
Zystadenolymphome	10,0	
Sialolithiasis		27,5
Speicheldrüsenzysten		17,5
Sonstige Krankheiten		5,5

Tabelle 7. Klassifikation und Häufigkeitsverteilung der Speicheldrüsenzysten im Speicheldrüsen-Register 1965–1985

Zystenform		Häufigkeit n
Mukozelen		703
Extravasationstyp	595	
Schleimretentionstyp	108	
Speichelgangzysten der Parotis		94
Lymphoepitheliale Parotiszysten		46
Ranula der Sublingualis		31
Dermoidzysten		16
Zystenparotis		3
Sonstige Zysten		24
Insgesamt		917

der obstruktiven Sialadenitis in Abhängigkeit von der Lokalisation der Speicheldrüsenzysten.

In 10,5% der Fälle entwickelte sich die obstruktive Entzündung bei *malignen Speicheldrüsentumoren* (Tabelle 8). Insbesondere langsam wachsende Tumoren (Mukoepidermoid- und Azinuszelltumoren) führen zur Obstruktion der Speichelgänge, während rasch invasiv wachsende Karzinome zu einer Zerstörung der Speicheldrüse führen, bevor sich eine ausgeprägte obstruktive Sialadenitis entwickeln kann.

Gutartige Erkrankungen des Kopfhalsbereiches (Tabelle 9) sind in 14,5% auslösender Faktor für eine obstruktive Sialadenitis. Dies gilt besonders für die kleinen Speicheldrüsen, deren Anteil über 75% beträgt. Speziell im Bereich der Gaumendrüsen kommt es durch Prothesen, Leukoplakien oder orale Schleimhautentzündungen mit lokalen Vernarbungen zur Entstehung einer chronischen obstruktiven Sialadenitis. In den großen Speicheldrüsen wird die Gangobstruktion durch periglanduläre Tumoren oder Lymphknotenerkrankungen ausgelöst.

Maligne Tumoren des Kopfhalsbereiches (Tabelle 10) sind in 25,5% durch ihr infiltratives Wachstum der obstruktive Faktor für eine Sialadenitis. Dies gilt

Tabelle 8. Häufigkeit des Vorkommens der obstruktiven Sialadenitis bei malignen Speicheldrüsentumoren

Tumorgruppe	Häufigkeit %
Mukoepidermoidtumoren	28,0
Azinuszelltumoren	12,5
Karzinome in pleomorphen Adenomen	21,0
Plattenepithelkarzinome	8,0
Sonstige Karzinome	30,5

Tabelle 9. Häufigkeit des Vorkommens der obstruktiven Sialadenitis bei benignen Krankheiten des Kopfhalsbereiches

Krankheitsgruppe	Häufigkeit %
Prothesenreizfibrome	10,0
Orale Leukoplakien	30,0
Stomatitis	32,5
Periglanduläre Tumoren und Zysten	23,5
Lymphadenitis	4,0

Tabelle 10. Häufigkeit des Vorkommens der obstruktiven Sialadenitis bei malignen Tumoren des Kopfhalsbereiches

Tumorgruppe	Häufigkeit %
Orale Plattenepithelkarzinome	80,5
Plattenepithelkarzinome der Gesichtshaut	3,0
Karzinommetastasen	5,0
Melanome	4,0
Maligne Lymphome	5,0
Sonstige maligne Tumoren	2,5

besonders für orale Plattenepithelkarzinome mit Ausgang von den Lippen, der Zunge, Wange, des Gaumens oder Mundbodens. Seltener handelt es sich um Tumormetastasen oder maligne Lymphome. Bei der Tumorausbreitung sind besonders auch die kleinen Speicheldrüsen betroffen. Da bei Tumoroperationen mit Neck dissection die Submandibularis mitentfernt und einer morphologischen Untersuchung zugeführt wird, ergibt sich daraus der relativ häufige Nachweis einer fokalen obstruktiven Sialadenitis der Submandibularis.

Bei allen, durch mechanische Gangobstruktion bedingten Entzündungen ist für den Schweregrad weniger die spezielle obstruktive Komponente entscheidend als vielmehr die Dauer und das Ausmaß der Abflußbehinderung. Die Sialolithiasis mit besonders langer Dauer der Obstruktion führt zu den stärksten Entzündungsprozessen der Submandibularis mit einem wesentlich höheren Prozentsatz des Stadiums 4 als bei anderen obstruktiven Entzündungen.

Veränderte Speichelzusammensetzung

Die *viskose Eindickung des Speichels* mit Ausbildung von *Sphärolithen* und *Mikrolithen* stellt einen weiteren pathogenetischen Faktor für eine obstruktive Sialadenitis dar. Dabei kann es sich sowohl um eine primäre Störung der Speichelsekretion handeln als auch sekundäre Sekreteindickungen bei bereits bestehender Abflußbehinderung. So kommt es in Speichelgangzysten oder Retentions-Mukozelen nicht selten zu kristallinen Sekretausfällungen, Sekretschollen und Sphärolithen [14, 17].

Primäre Sekretionsstörungen werden unter dem Begriff der *Dyschylie* zusammengefaßt [11] und beinhalten sowohl die veränderte Menge und Zusammensetzung des Speichelsekretes als auch den Sekretionsablauf. Von besonderer Bedeutung für eine Dyschylie sind Störungen der Elektrolytkonzentration und der Schleimzusammensetzung, wie sie beispielsweise bei der zystischen Fibrose (Mukoviszidose) oder der Sialolithiasis vorliegen. Die daraus resultierende *Elektrolyt-Sialadenitis* [13] ist somit nur eine Sonderform der obstruktiven Sialadenitis, bei der die primäre Sekreteindickung das dominierende pathogenetische Element darstellt. Unter experimentellen Bedingungen läßt sich durch Jodid [15] oder im Rahmen einer Kalziphylaxie [6] eine der obstruktiven Sialadenitis vergleichbare Speicheldrüsenveränderung erzeugen. In der komplexen Pathogenese der *Sialolithiasis* spielen primäre dyschylische Sekretionsstörungen in den terminalen Speichelgängen eine wichtige Rolle. Unter experimentellen Bedingungen [22] lassen sich dyschylische Sekretionsstörungen in den Azinuszellen und Speichelgängen durch kombinierte Einwirkung von Sympathikomimetika (Isoprenalin) und Dihydrotachysterin (AT 10) erzeugen. Isoprenalin bewirkt eine verstärkte sekretorische Stimulation, AT 10 über eine generalisierte Störung der Kalziumhomoiostase mit Hyperkalziämie eine Kalziumaggregation. Die daraus resultierenden Kalziumausfällungen sind die ersten Stadien einer Sialolithiasis.

Differentialdiagnostische Abgrenzungen

Das ätiologische Spektrum der Sialadenitis umfaßt Infektionen (bakterielle und virale Sialadenitis), Strahleneinwirkungen (Strahlen-Sialadenitis) und immunpathologische Reaktionen (Immun-Sialadenitis). Im Ablauf dieser verschiedenen Formen der Sialadenitis können obstruktive Faktoren eine zusätzliche oder potenzierende Rolle spielen. So werden bei der chronisch-rezidivierenden Parotitis Störungen des Sekretabflusses als mitgestaltende Faktoren diskutiert [20] oder beim sog. Küttner-Tumor der Submandibularis in den späteren Stadien die Gangobstruktion als Ursache für Epithelalterationen und immunpathologische Reaktionen angesehen [5]. Im Rahmen granulomatöser Entzündungsreaktionen (myoepitheliale und epitheloidzellige Sialadenitis) sowie nach Sialographie [3] können sich obstruktive Gangveränderungen entwickeln, welche ihrerseits den ursächlichen andersartigen Entzündungsprozeß ungünstig beinflussen. Obstruktive Faktoren sind auch bei der seltenen Riesenzell-Sialadenitis der Submandibularis und Sublingualis bedeutungsvoll [12]. In der Pathogenese spielt offensichtlich der Sekretaustritt ins interstitium mit Ausbildung sekundärer Fremdkörpergranulome und narbigen Stenosen der Speichelgänge eine Rolle.

Diskussion der Befunde

Erworbene Veränderungen des Speichelgangsystems und Gangobstruktionen sind wesentlich häufiger als angeborene Ganganomalien. Aus den eigenen Befunden ergibt sich, daß die mechanische Ursache der Gangobstruktion fast immer exakt nachweisbar ist. Die mechanische Komponente kann durch eine experimentelle Gangligatur nachgeahmt werden [2, 1, 7, 19, 4]. Der Schweregrad der obstruktiven Veränderungen korreliert mit der zeitlichen Dauer der Gangunterbindung. Der experimentelle Verschluß des Speichelgangsystems durch Aminosäurelösungen bzw. Prolamin führt ebenfalls zu Speicheldrüsenalterationen, die mit der obstruktiven Sialadenitis vergleichbar sind [9, 10].

Hierbei handelt es sich um ein mögliches neues Therapieverfahren bei der chronisch-rezidivierenden Parotitis.

Immunhistochemisch konnte speziell in der Submandibularis bei der chronisch-obstruktiven Sialadenitis ein Anstieg des Laktoferringehaltes und eine deutliche Reduktion der Lysozymproduktion nachgewiesen werden [21]. Aus dem Umbau der Drüsenstruktur, insbesondere den Alterationen des Gangsystems mit Metaplasien und Gangregeneraten resultiert eine Abnahme der Lektinbindung als Ausdruck eines Funktionsverlustes und eine verstärkte Keratinreaktion als Hinweis auf eine Differenzierungsänderung der verbliebenen Azinus- und Gangepithelien [8].

Literatur

1. Bhaskar SN, Bolden TE, Weinmann JP (1956) Experimental obstructive adenitis in the mouse. J Dent Res 35: 852–862
2. Donath K, Hirsch-Hoffmann HU, Seifert G (1973) Zur Pathogenese der Parotisatrophie nach experimenteller Gangunterbindung. Ultrastrukturelle Befunde am Drüsenparenchym der Rattenparotis. Virchows Arch (Pathol Anat) 359: 31–48
3. Hamper K, Seifert G (1987) Speicheldrüsenveränderungen nach Sialographie. Differentialdiagnose granulomatöser Reaktionen. Pathologe 8: 65–72
4. Harrison JD, Garrett JR (1972) Mucocele formation in cats by glandular duct ligation. Arch oral Biol 4: 1403–1414
5. Herberhold C (1984) Immunpathologische Reaktionen im Ablauf der chronischen Sialadenitis der Glandula submandibularis (sog. Küttner-Tumor). Laryng Rhinol Otol 63: 468–474
6. Immenkamp M, Seifert G (1969) Zur Pathogenese der experimentellen Speicheldrüsen-Calciphylaxie. Virchows Arch (Pathol Anat) 347: 211–224
7. Langbein H, Rauch S, Seifert G (1971) Histochemische und autoradiographische Speicheldrüsenveränderungen nach partieller Speicheldrüsenresektion. Z Laryngol Rhinol 50: 672–685

8. Nakai M, Tsukitani K, Tatemoto Y, Hikosaka N, Mori M (1985) Histochemical studies of obstructive adenitis in human submandibular salivary glands. II. Lectin binding and keratin distribution in the lesions. J oral Pathol 14: 671–679
9. Rettinger G, Stolte M, Bäumler C (1981) Ausschaltung von Speicheldrüsen durch temporäre Okklusion des Gangsystems mit einer Aminosäurelösung. Tierexperimentelle Studie zu einem neuen Therapieverfahren. HNO (Berl) 29: 294–299
10. Schröder M, Chilla R, Arglebe C, Droese M (1982) Occlusion of Stenon's duct by prolamine: a possible treatment of chronic parotitis? Preliminary experience from animal experiments. ORL 44: 1–5
11. Seifert G (1964) Die Sekretionsstörungen (Dyschylien) der Speicheldrüsen. Erg Allg Pathol 44: 103–188
12. Seifert G (1987) Nicht-tumoröse Speicheldrüsenkrankheiten. Sialadenose, Speichelgangzysten, Speicheldrüseninfarkt, Sialadenitis. Pathologe 8: 141–151
13. Seifert G, Donath K (1976) Die Morphologie der Speicheldrüsenerkrankungen. Arch Otorhinolaryngol 213: 111–208
14. Seifert G, Donath K, v. Gumberz Ch (1981) Mucocelen der Speicheldrüsen. Extravasations-Mucocelen (Schleimgranulome) und Retentions-Mucocelen (Schleim-Retentionscysten). HNO (Berl) 29: 179–191
15. Seifert G, Junge-Hülsing G (1965) Untersuchungen zur Jodid-Sialadenitis und Jod ^{131}-Aktivität der Speicheldrüsen. Frankf Z Pathol 74: 485–511
16. Seifert G, Miehlke A, Haubrich J, Chilla R (1964) Speicheldrüsenkrankheiten. Pathologie – Klinik – Therapie – Fazialischirurgie. Thieme, Stuttgart New York
17. Seifert G, Waller D (1972) Klassifikation der Parotiszysten. Differentialdiagnose der Speichelgangzysten und lymphoepithelialen Zysten. Z Laryngol Rhinol 61: 78–86
18. Seifert G, Wopersnow R (1985) Die obstruktive Sialadenitis. Morphologische Analyse und Subklassifikation von 696 Fällen. Pathologe 6: 177–189
19. Standish SM, Shafer WG (1957) Serial histologic effects of rat submaxillary and sublingual gland duct and blood vessel ligation. J Dent Res 36: 866–879
20. Steinbach E, Strohm M (1982) Zur Pathogenese der chronisch rezidivierenden, sialektatischen Parotitis. Laryng Rhinol Otol 61: 66–69
21. Tsukitani K, Nakai M, Tatemoto Y, Hikosaka N, Mori M (1985) Histochemical studies of obstructive adenitis in human submandibular salivary glands. I. Immunohistochemical demonstration of lactoferrin, lysozyme and carcinomembryonic antigen. J oral Pathol 14: 631–638
22. Westhofen M, Schäfer H, Seifert G (1984) Calcium redistribution, calcification and stone formation in the parotid gland during stimulation and hypercalcemia. Cytochemical and X-ray microanalytical investigations. Virchows Arch (Pathol Anat) 402: 425–438

Diskussionsbemerkungen

Hildmann (Bochum): Findet man nach der Unterbindung des Stenonschen Ganges ähnliche Veränderungen wie Sie sie gezeigt haben?

Seifert (Hamburg): Es ist sicher ein allgemeines Prinzip. Wenn Sie im Tierversuch den Ausführungsgang unterbinden, können Sie die verschiedenen Stadien der obstruktiven Parotitis bis hin zur kompletten Atrophie des Drüsenparenchyms beobachten. Ähnliche histopathologische Befunde lassen sich auch nach Okklusion des Gangsystems durch Instillation von bestimmten Aminosäurelösungen – ein Verfahren das auch therapeutisch genutzt wird – erheben.

Fleischer (Gießen): Wenn ich Sie richtig verstanden habe ist die Obstruktion eine Begleiterscheinung und nicht die Erkrankung sui generis.

Histopathologie und Pathogenese der obstruktiven Sialadenitis

Seifert (Hamburg): Ich würde das differenziert betrachten. Wenn Sie eine mechanische Obstruktion haben, dann wäre das Abflußhindernis die primäre Ursache. Wenn Sie hingegen von Krankheiten ausgehen, denen eine Dyschylie, d. h. eine primäre Änderung der Sekretzusammensetzung zugrunde liegt, dann wäre die Obstruktion eine sekundäre Erscheinung. In einem Fall hätten Sie an der Mündung des Flusses das Hindernis, im anderen Fall hätten Sie es an der Quelle. Es sind also doch zwei unterschiedliche Prinzipien.

Weidauer (Heidelberg): Kontrastmittelextravasate, die gelegentlich im Rahmen der Sialographie auftreten, können zu periduktalen Granulomen führen. Kann sich auf dem Boden derartiger Prozesse auch eine chronische Parotitis entwickeln?

Seifert (Hamburg): Wir haben uns mit dieser Frage erst kürzlich im Rahmen einer Studie beschäftigt. Natürlich findet man gelegentlich im Gefolge von Extravasaten nach Kontrastmittelinstillationen in das Drüsengangsystem periduktuläre Fremdkörperreaktionen, Riesenzellbildung und ähnliches. Ich glaube allerdings nicht, daß derartige Veränderungen im allgemeinen eine obstruktive Sialadenitis zur Folgen haben.

Weidauer (Heidelberg): Die Sialolithiasis ist ja oft ein Endstadium der chronisch-obstruktiven Sialadenitis, wobei es nicht selten zur Atrophie des Drüsenparenchyms kommt. Gibt es Untersuchungen über die Regenerationskraft des Speicheldrüsengewebes nach Beseitigung des Abflußhindernisses?

Seifert (Hamburg): Im Tierexperiment kommt es nach Beseitigung der Obstruktion relativ rasch zu einer Regeneration. Für die menschliche Speicheldrüse ist diese Frage bislang nicht ausreichend untersucht. Mir persönlich ist eine echte Regeneration nach Entfernung eines Abflußhindernisses nicht bekannt. Hier ist wohl generell mit einer Defektheilung zu rechnen.

Maier (Heidelberg): Wir haben als Begleiterscheinung von Speicheldrüsentumoren gelegentlich eine obstruktive Sialadenitis gefunden. Wie häufig beobachten Sie derartige Veränderungen in Ihrem Untersuchungsgut?

Seifert (Hamburg): Es gibt sowohl benigne als auch maligne Speicheldrüsentumoren, die eine Obstruktion verursachen. Je langsamer der Tumor wächst, umso mehr wird sich die obstruktive Komponente auswirken. So konnten wir bei einer großen Zahl langsam wachsender Tumoren eine obstruktive, leichte Form der Sialadenitis beobachten.

Die chronisch-rezidivierende Parotitis - Modell einer lokalen Entgleisung des glandulären Kallikrein-Kinin-Systems

H. Maier[1] und I. A. Born[2]

Einleitung

Die chronisch-rezidivierende Parotitis ist charakterisiert durch sehr schmerzhafte, in Intervallen auftretende Schwellungen der Ohrspeicheldrüse [3, 9]. Der beim Gesunden wasserklare Parotisspeichel ist bei diesem Krankheitsbild milchig-trübe, bisweilen sogar flockig und hat durch seinen hohen Natriumgehalt oft einen salzigen Geschmack [3]. Die meist einseitigen Schwellungszustände können über Tage und Wochen anhalten. Im Verlauf der Erkrankung kann es zu einer Einschränkung oder gar einem Versiegen des Speichelflusses kommen [3]. Die Ätiologie der chronisch-rezidivierenden Parotitis ist bis heute nicht sicher geklärt [10]. Becker und Mitarb. vertraten die Hypothese, daß eine primäre Mißbildung der Ohrspeicheldrüse die Entstehung des chronisch-entzündlichen Prozesses begünstigt [2]. Donath und Mitarb. fanden Hinweise auf eine Störung der Sekretbildung und des intraduktulären Sekrettransportes bei der chronisch-rezidivierenden Parotitis [5]. Weiterhin wurden entzündliche Prozesse in der Nachbarschaft der Ohrspeicheldrüse als aetiopathogenetische Faktoren diskutiert [3].

Einer möglichen Beteiligung fermentativ-toxischer Mechanismen wie bei der akuten postoperativen Parotitis [21, 4, 12] wurde bislang nur wenig Aufmerksamkeit geschenkt. Im Rahmen der vorliegenden Studie wurden das Verhalten des glandulären Kallikrein-Kinin-Systems im akuten Schub der chronisch-rezidivierenden Parotitis und seine Bedeutung für die Pathogenese dieser auf konservativem Weg weitgehend therapieresistenten Speicheldrüsenerkrankung untersucht.

Methodik

Bei 23 erwachsenen Patienten (Alter: 58,26 +/− 12,75 Jahre) mit akut exazerbierter chronisch-rezidivierender Parotitis und 30 Normalpersonen (Alter: 58,13 +/− 10,54 Jahren) wurde flußratenabhängig Parotisspeichel gesammelt. Die Untersuchungen erfolgten morgens zwischen 6.30 h und 8.30 h am nüchternen Probanden. Zur Speichelkollektion wurden feine Polyaethylenkatheter in den Stenon'schen Gang eingeführt [15]. Die Stimulation des Speichelflusses erfolgte gustatorisch mit 5%iger Zitronensäure. Neben der Messung der Speichelflußrate

---

[1] Kopfklinikum, Universitäts-HNO-Klinik, Im Neuenheimer Feld 400, D-6900 Heidelberg
[2] Institut für Pathologie der Universität, Abt. für allgemeine und pathologische Anatomie, Im Neuenheimer Feld 220/221, D-6900 Heidelberg

wurde die Aktivität des glandulären Kallikreins im Parotitisspeichel nach der von Amundsen und Mitarb. beschriebenen Methode gemessen [1]. Hierbei dient das chromogene Tripeptid H-D-Val-Leu-Arg-pNA (Fa. Kabi, Stockholm) als Substrat für glanduläres Kallikrein. Das hydrolytisch freigesetzte p-Nitroanilin wird photometrisch bei 405 nm gemessen. Bei 3 Patienten wurden im akuten Schub der Erkrankung Gewebeproben aus der befallenen Ohrspeicheldrüse zur pathohistologischen Untersuchung entnommen und in gepufferter 10%iger Formalinlösung 12 h fixiert, in Paraplast eingebettet und geschnitten. Die lichtmikroskopische Untersuchung erfolgte an HE-, PAS-, Alcianblau- und Masson-Goldner-gefärbten Schnitten. Außer den Standardfärbungen wurde zum immunhistologischen Lysozymnachweis die Peroxidase-Antiperoxidase-Methode nach Sternberger [23] eingesetzt. Dabei werden 4-5 mm dicke Paraffinschnitte in Xylol und Alkohol deparaffiniert. Anschließend wird mit Methanol/H_2O_2 (1%ig) die endogene Peroxidaseaktivität geblockt. Nach Waschen der Schnitte in Phosphatpuffer (PBS, pH 7.4) erfolgt eine Andauung mit Pronase (5 min bei Raumtemperatur). Dann werden die Schnitte mit Lysozymantikörpern überschichtet, gewaschen und mit einem Brückenantikörper inkubiert. Nach einem erneuten Waschvorgang mit Peroxidase werden die Schnitte mit dem Peroxidase-Antiperoxidase-Komplex überschichtet. Die Peroxidase katalysiert in Anwesenheit von H_2O_2 die Umwandlung des Chromogens Amino-aethyl-carbazol (AEC) in eine rotes Reaktionsprodukt. Nach Stoppen der Reaktion in Wasser werden die Zellkerne mit Haemalaun gefärbt und anschließend unter fließendem Wasser gebläut. Schließlich werden die Schnitte mit Glyceringelatine eingedeckt. Die Meßergebnisse wurden als Mittelwert +/- Standardabweichung angegeben.

Ergebnisse

Bei der überwiegenden Mehrzahl der Patienten mit chronisch-rezidivierender Parotitis war die Sekretionsleistung der erkrankten Ohrspeicheldrüse selbst bei maximaler Stimulation deutlich eingeschränkt. Die Speichelflußrate variierte im Patientenkollektiv zwischen 0,01 ml/min und 0,54 ml/min (Abb. 1b) und betrug im Mittel 0,19 +/- 0,19 ml/min. Im Normalkollektiv schwankte die Flußrate zwischen 0,1 ml/min und 1,53 ml/min (Abb. 1b) und betrug im Mittel 0,79 +/- 0,37 ml/min.

Die Aktivität des glandulären Kallikreins im Parotisspeichel von Patienten mit chronisch-rezidivierender Parotitis betrug zwischen 12,67 und 71,8 U/l (Abb. 1a). Der Mittelwert lag bei 37,35 +/- 17,23 U/l.

Im Parotissekret der Kontrollgruppe schwankte die Aktivität des glandulären Kallikreins zwischen 0,1 und 8,94 U/l (Abb. 1a). Der Mittelwert betrug 4,94 +/- 2,7 U/l.

Eine signifikante Korrelation zwischen Kallikreinaktivität im Speichel und Speichelflußrate konnte weder im Patientenkollektiv ($r = -0,26$) noch im Kontrollkollektiv ($r = +0,06$) nachgewiesen werden.

Die pathohistologische Aufarbeitung von Probeexzisaten bei akut exazerbierter chronisch-rezidivierender Parotitis zeigte kugel- und sackförmige ektatische Aufweitungen der Speicheldrüsengänge mit eingedicktem Speichelsekret. An ein-

Die chronisch-rezidivierende Parotitis

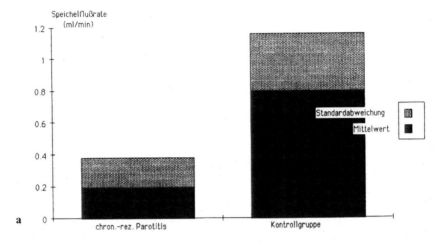

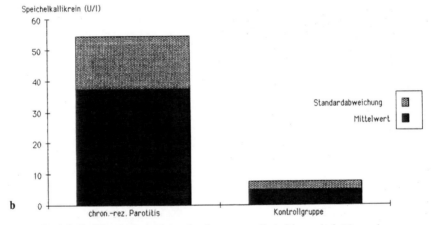

Abb. 1. a Speichelkallikrein bei Pat. mit chron.-rez. Parotitis u. bei Normalpersonen.
b Speichelflußrate bei Pat. mit chron.-rez. Parotitis u. Normalpersonen

zelnen Abschnitten des Streifenstückbereichs fanden sich Wandrupturen des Gangsystems. Hier gelang es lichtmikroskopisch den Austritt von PAS- und lysozympositivem Parotissekret in das periduktuläre Interstitium nachzuweisen. In anderen Abschnitten waren typische periduktal gelegene lymphoplasmazelluläre Infiltrate unter Einschluß von Lymphfollikeln nachweisbar. Daneben fiel insbesondere im Bereich der Streifenstücke eine granulozytäre Durchwanderung des Gangepithels und des angrenzenden Drüseninterstitiums auf. Das periduktuläre Mesenchym zeigte eine ausgeprägte ödematöse Auflockerung. In der Umgebung der Streifenstücke stellten sich ektatisch aufgeweitete Kapillargefäße mit ausgedehnter exsudativ-entzündlicher Umgebungsreaktion (Abb. 2–6) dar. Abbildung 7 zeigt zum Vergleich ein histologisches Präparat aus einer normalen Ohrspeicheldrüse.

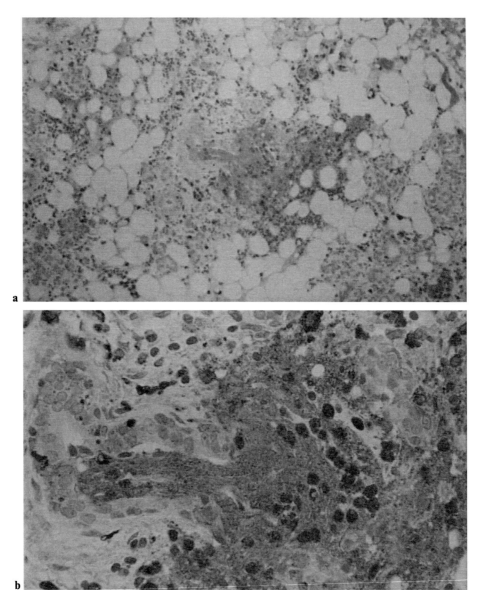

Abb. 2. a Entzündlich infiltriertes u. weitgehend atrophisches Parotisparenchym mit lipomatöser Umwandlung bei akut exazerbierter chron.-rezid. Parotitis. In Bildmitte ektatisch erweitertes u. rupturiertes Streifenstück mit lysozympositiv. periduktalem Speichelextravasat. Lysozym-Immunperoxidase; 10 × Orig. **b** Ausschnittsvergr. aus Praep. 2a mit deutlicher Lysozympositivität des ausgetretenen Speichelsekretes, der Granulozyten, der Makrophagen u. vereinzelter Histiozyten. Lysozym-Immunperoxidase; 40 × Orig

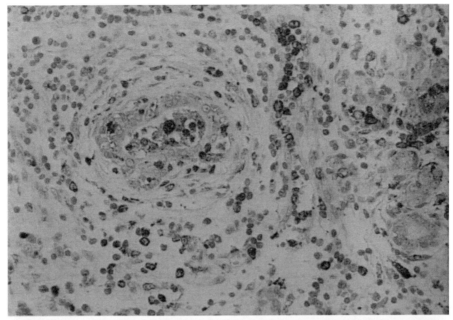

Abb. 3

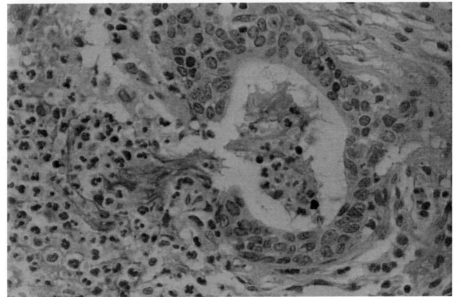

Abb. 4

Abb. 3. Streifenstück mit granulozytärer Infiltration des Gangepithels und granulozytenhaltigem, eingedicktem Sekret im Ganglumen. Entzündliche Infiltration und ödematöse Auflockerung des periduktalen Mesenchyms unter Einschluß ektatischer Kapillargefäße. Deutliche Lysozympositivität des Speichels, der extra- u. intravasalen Granulozyten, sowie der Makrophagen u. Histiozyten. Lysozym-Immunperoxidase; 25 × Orig

Abb. 4. Kugelförmiger ektatisch erweiterter Speicheldrüsenausführungsgang mit Wandruptur und Speichelextravasat in das Interstitium. Granulozytäre Durchwanderung des Gangepithels und des periduktulären interstitiellen Raumes. Ödematöse Auflockerung des periduktalen Mesenchyms. Alcian-Blau; 40 × Orig

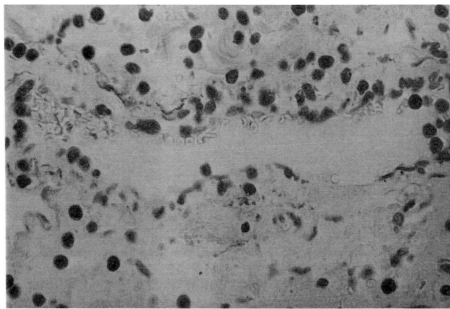

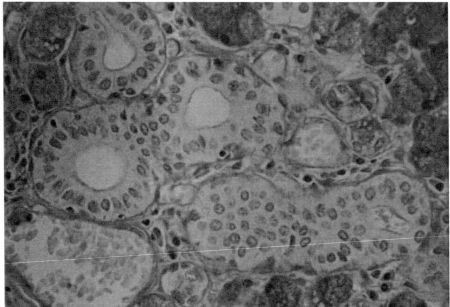

Abb. 5. Periduktuläres Kapillargefäß mit den Zeichen einer exsudativen Entzündung. Lysozympositive Granulozyten. Intravasal kommen lysozymnegativ Erythrozyten zur Darstellung. Lysozym-Immunperpoxidase; 40 × Orig

Abb. 6. Histologisches Präparat aus einer normalen Gl. parotis. Regelrecht aufgebaute intakte Streifenstücke mit reizlosem schmalen periduktalen Interstitium unter Einschluß unauffälliger Kapillaren und ortsständiger Plasmazellen. Am Bildrand PAS-positive Azinuszellen. PAS-Reaktion; 40 × Orig

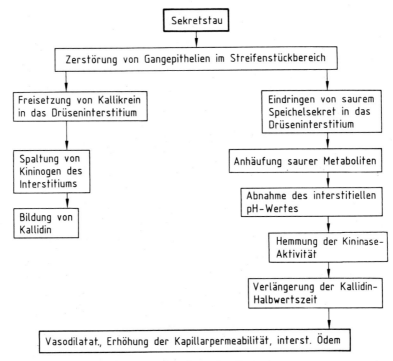

Abb. 7. Modellvorstellung zur Pathogenese der chron.-rez. Parotitis

Diskussion

Die glandulären Kallikreine wurden vor nunmehr 60 Jahren von Frey u. Kraut entdeckt [7, 14]. Sie bilden eine Gruppe von Peptidylhydrolosen mit hoher Substratspezifität. Ihr Vorkommen wurde im Pankreas, in den Kopfspeicheldrüsen, Schweißdrüsen und deren Sekreten sowie in der Niere und im Urin nachgewiesen [18, 17]. Sie spalten aus Kininogen, einem Eiweißkörper der alpha-2-Globulinfraktion, der in Lymphe, Plasma und interstitieller Flüssigkeit vorkommt, biologisch hochaktive Peptide, die Kinine ab [17, 19, 20]. Diese bewirken unter anderem eine Vasodilatation der Arteriolen, eine Konstriktion der Venolen und eine Erhöhung der Kapillarpermeabilität [17, 19, 20]. Weiterhin scheinen sie eine Rolle für die Vermittlung der Schmerzempfindung und die Prostaglandinausschüttung zu spielen [17, 8]. In der menschlichen Ohrspeicheldrüse kommt aktives glanduläres Kallikrein hauptsächlich in den Streifenstücken und in geringerem Ausmaß in den nachgeschalteten Gangabschnitten vor, nicht jedoch in den Schaltstücken und in den Drüsenacini [18]. Unter physiologischen Bedingungen wird das Enzym fast ausschließlich in das Drüsengangsystem sezerniert. Eine Abgabe in das Drüseninterstitium in nennenswertem Ausmaß konnte bislang nicht sicher nachgewiesen werden [11]. Der exokrine Charakter des Speicheldrüsenkallikreins wird zusätzlich durch seine Anreicherung im apikalen Abschnitt der Streifenstückepithelien unterstrichen.

Die im Rahmen der vorliegenden Studie im Parotisspeichel von Normalpersonen gemessene Aktivität des glandulären Kallikreins betrug im Mittel 4,94+/−2,7 U/l. Dieser Wert stimmt größenordnungsmäßig mit den Befunden aus der Literatur gut überein [11].

Bei erwachsenen Patienten mit akut exazerbierter chronisch-rezidivierender Parotitis hingegen lag die Aktivität des Speichelkallikreins teilweise um mehr als das 15-fache höher. Dieses Phänomen läßt sich unseres Erachtens nicht mit der im Patientenkollektiv stark erniedrigten Flußrate erklären. So konnten wir im Gegensatz zu eigenen früheren Untersuchungen an einem kleineren Patientenkollektiv und den Untersuchungen von Heidland u. Mitarb. [11] keine signifikante negative Korrelation zwischen Flußrate und Speichelkallikreinaktivität nachweisen.

Die erhöhten Kallikreinwerte im Patientenspeichel dürften am ehesten auf eine Zerstörung von Gangepithelien vornehmlich im Streifenstückbereich und einer damit verbundenen verstärkten Freisetzung von Kallikrein zurückzuführen sein. Die Bestätigung hierfür liefern sowohl der klinische als auch der pathohistologische Befund: Im fortgeschrittenen Stadium der Erkrankung kommt es infolge einer bislang ungeklärten Störung der Sekretbildung zur Bildung von Schleimflocken, die dem Sekret ein flockig trübes Aussehen verleihen. Wenn die Sekretionsleistung der Drüse vorübergehend abnimmt, z. B. im Rahmen von Flüssigkeitsverlusten bei fiebrigen Erkrankungen oder infolge einer unzureichenden gustatorischen Stimulation des Speichelflusses bei Mangelernährung, werden diese Schleimflocken nur unzureichend aus dem Gangsystem ausgespült. Die Folge sind eine Obstruktion von kleineren Speicheldrüsengängen und ein hierdurch bedingter Rückstau von Parotissekret. Entsprechend zeigt die histologische Untersuchung in diesen Fällen eine mehr oder weniger ausgeprägte Dilatation des Drüsengangsystems [3, 9, 22]. Mit zunehmendem Rückstaudruck treten in verstärktem Maße Zerstörungen im Bereich des Gangepithels bis hin zur Ruptur des Ganges auf. Wenn die Integrität des Gangsystems derart gestört ist kann nicht mehr wie unter physiologischen Bedingungen von einer vorwiegend luminalen Sekretion des glandulären Kallikreins ausgegangen werden. Man muß vielmehr annehmen, daß mit dem Parotisspeichel, der aus rupturierten Gangabschnitten austritt auch relativ große Mengen des Enzyms in den periduktulären interstitiellen Raum gelangen. Die Dokumentation derartiger Speichelextravasate gelingt besonders eindrucksvoll immunhistologisch mittels Lysozymnachweis. Dieses Polypeptid, das in den Schaltstückepithelien des Gangsystems gebildet wird [13] gelangt in relativ hoher Konzentration in das Parotissekret und ist daher als immunhistologischer Marker für Speichelaustritte in das periduktuläre Gewebe gut geeignet. Daneben werden auch Zellen der myeloischen Reihe wie z. B. Granulozyten, sowie Monozyten und Histiozyten, die das Enzym enthalten, beim immunhistologischen Lysozymnachweis angefärbt.

Überschüssiges glanduläres Kallikrein in der interstitiellen Flüssigkeit vermag eine Kette pathophysiologischer Mechanismen in Gang zu setzen (Abb. 7): Aus interstitiellem Kininogen spaltet es Kallidin ab [19, 20]. Dieses vasoaktive Decapeptid bewirkt eine Dilatation und Permeabilitätserhöhung der Kapillargefäße in der Umgebung des Gangsystems. Hierdurch kommt es zur Transsudation von Plasmaproteinen in die interstitielle Flüssigkeit. Durch die Anwesenheit dieser hochmolekularen Eiweißkörper werden sekundär die Abwehrfunktionen der im

Interstitium befindlichen Histiozyten, Leukozyten, Lymphozyten, Mastzellen und Plasmazellen aktiviert [6]. Dabei werden weitere Kininogenasen (kallikreinähnliche Proteasen) und andere Entzündungsmediatoren freigesetzt. Diese Proteasen setzen aus Kininogen und anderen Plasmafaktoren erneut vasoaktive Peptide frei, die wiederum die Kapillarpermeabilität erhöhen.

Es kommt somit zu einem pathogenetischen Circulus vitiosus. Ein derartiger Pathomechanismus könnte unter anderem auch die Veränderungen des Speichelproteinspektrums bei der chronisch-rezidivierenden Parotitis erklären. So kommt es im akuten Schub der Erkrankung zu einer signifikanten Konzentrationszunahme der Plasmaproteine im Sekret [16]. Die verstärkte Ausscheidung dieser Eiweißkörper, die im Parotisspeichel normalerweise nur in Spuren nachweisbar sind, nimmt nur langsam ab und ist bis zu 80 Tage nach dem akuten Schub noch nachweisbar [16]. Die vasoaktive Wirkung der freigesetzten Kinine und anderer Polypeptide dürfte durch das Eindringen von saurem Speichelsekret und die Anhäufung saurer Metaboliten im Interstitium noch verstärkt werden. Die hierdurch bedingte Abnahme des interstitiellen pH-Wertes hat nämlich möglicherweise eine partielle Hemmung der kininabbauenden Enzyme (Kininasen) zur Folge [6]. Dies wiederum führt zu einer Verlängerung der Halbwertszeit von Kallidin dessen vasoaktive Wirkung bereits beschrieben wurden.

Die dargestellten Befunde und Überlegungen zeigen, daß dem glandulären Kallikrein-Kinin-System eine wichtige Rolle in der Pathogenese der chronisch-rezidivierenden Parotitis zukommt. Im Vordergrund steht dabei die Freisetzung von glandulärem Kallikrein in die interstitielle Flüssigkeit. Diese Erkenntnis ist von erheblicher Relevanz, zumal kein körpereigener Inhibitor, der eine rasche Inaktivierung dieses Enzyms ermöglichen würde bislang bekannt ist. Dies wiederum bedeutet, daß der Organismus nicht in der Lage ist, die entzündliche Reaktion im periduktulären Interstitium zufriedenstellend zu kontrollieren. Andererseits eröffnet das Wissen um die pathogenetische Rolle des glandulären Kallikreins neue Ansatzpunkte für eine medikamentöse Therapie dieser Speicheldrüsenerkrankung, z.B. durch den Einsatz eines Kallikreininhibitors.

Darüberhinaus ist es vorstellbar, daß das beschriebene pathogenetische Modell nicht nur für die chronisch-rezidivierende Parotitis zutrifft, sondern möglicherweise allen obstruktiven Speicheldrüsenerkrankungen zugrunde liegt.

Literatur

1. Amundsen E, Pütter J, Friberger P, Knos M, Larsbraten M (1979) Methods for the determination of glandular kallikrein by means of a chromogenic tripeptide substrate. Adv Exp Med Biol 120: 83–95
2. Becker W, Matzker J, Ruckes J (1960) Zur Morphologie der „diffusen kugelförmigen Gangektasien" in der Gl. parotis. Z Laryng Rhinol 39: 479–484
3. Becker W, Haubrich J, Seifert G (1978) Krankheiten der Kopfspeicheldrüsen. In: Hals-Nasen-Ohren-Heilkunde in Praxis und Klinik, Bd. 3, Thieme, Stuttgart
4. Benzer H (1961) Zur Pathogenese der akuten postoperativen Parotitis. Langenbecks Arch klin Chir 297: 445–452
5. Donath K, Gundlach KKH (1979) Ein Beitrag zur Aetiologie und Pathogenese der chronisch-rezidivierenden Parotitis. Dtsch Zahnärztl Z 34: 45–49

6. Eisenbach J, Heine H (1974) Die Einwirkung von Trasylol® auf Endstrombahn und Transmitterstrecke. In: Neue Aspekte der Trasylol®-Therapie 7. Schattauer, Stuttgart New York
7. Frey EK (1928) Ein neues Kreislaufhormon und seine Wirkung. Arch Exp Pathol Pharmakol 133: 1-56
8. Haberland GL, Rohen IW (1973) Kininogenases-Kallikreins, Symposium on physiological properties and pharmacological rational. Schattauer, Stuttgart
9. Haubrich J (1976) Klinik der nichttumorbedingten Erkrankungen der Speicheldrüsen. Arch Otorhinolaryngol 213: 1-61
10. Haubrich J (1981) Etiology and pathogenesis of the inflammatory diseases of the cephalic salivary glands. Adv Oto-Rhino-Laryng 26: 39-48
11. Heidland A, Röckel A, Schmid G (1979) Salivary kallikrein excretion in hypertension. Klin Wschr 57: 1047-1052
12. Karst W (1955) Über die Behandlung der akuten postoperativen Parotitis. Chirurg 26: 319-322
13. Korsund FR, Brandtzaeg P (1982) Characterization of epithelial elements in human major salivary glands by functional markers: Lokalisation of amylase, lactoferrin, lysozyme, secretory component and secretory immunglobulins by paired immunfluorescence staining. J Histochem Cytochem 30: 657-660
14. Kraut H, Frey EK, Bauer E (1928) Über ein neues Kreislaufhormon. II. Mitteilung. Hoppe Seyler's Z Physiol Chem 175: 97-114
15. Maier H, Triebel C, Heidland A (1982) Die flußratenabhängige Ausscheidung von Elektrolyten im menschlichen Parotis- u. Submandibularisspeichel nach Stimulation mit Pilocarpin u. Zitronensäure. Laryng Rhinol Otol 61: 686-689
16. Mandel ID (1979) Defense of the oral cavity. In: Kleinberg, Ellisson, Mandel Proc: Saliva and dental caries. Microbiol Abstr suppl 473-491 (Information Retrieval, New York)
17. Orstavik TB (1980) The kallikrein-kinin-system in exocrine organs. J Histochem Cytochem 28: 881-889
18. Orstavik TB, Brandtzaeg P, Nustad K, Pierce JV (1976) Immunohistochemical localisation of kallikrein in human pancreas and salivary glands. J Histochem Cytochem 24: 1037-1041
19. Regoli G, Barabe J (1980) Pharmacology of body kinin and related kinins. Pharmacol Rev 32: 1-46
20. Schachter M (1980) Kallikreins (Kininogenases) – A group of serine proteases with bioregulatory actions. Pharmacol Rev 31: 1-17
21. Schmieden V, Voss O (1930) Parotitis und Pankreatitis, zwei wesensverwandte Erkrankungen? Zbl Chir 17: 1017-1023
22. Seifert G (1971) Klinische Pathologie der Sialadenitis und Sialadenose. HNO 19: 1-9
23. Sternberger LA, Hardy BH Jr, Cacitis JJ, Meyer HG (1970) The unlabeled antibody enzyme method of immunohistochemistry. J Histochem Cytochem 18: 315-333

Diskussionsbemerkungen

Weidauer (Heidelberg): Die im Rahmen der entzündlichen Reaktion im periduktulären Interstitium freigesetzten proteolytischen Enzyme, wie zum Beispiel die Elastase, können von körpereigenen Inhibitoren gehemmt werden. Wie verhält es sich diesbezüglich mit dem glandulären Kallikrein?

Maier (Heidelberg): Das glanduläre Kallikrein nimmt eine absolute Sonderstellung ein zumal wir bis heute keinen körpereigenen Inhibitor kennen, der in der Lage ist diese Serinesterase schnell und suffizient zu hemmen. Etwas Hemmkapazität hat der alpha-1-Proteaseninhibitor. Aber das reicht nicht aus. Deshalb ist hier eine Unterstützung des Heilungspro-

Die chronisch-rezidivierende Parotitis

zesses durch den Einsatz des Kallikreininhibitors Trasylol®, wie Herr Deeg sehr schön gezeigt hat, von besonderer Bedeutung.

Schröder (Göttingen): Ich möchte eine Anmerkung zur Aprotininbehandlung machen. Wir haben nach Ihrem Schema 6 Patienten mit dem Vollbild einer chronisch rezidivierenden Parotitis behandelt. Bei keinem der Patienten konnten wir ein zufriedenstellendes Therapieergebnis erzielen. Haben Sie eine Erklärung hierfür?

Maier (Heidelberg): Haben Sie bei diesen Patienten die Kallikreinaktivität im Speichel gemessen? Haben Sie vor Beginn der Infusionsbehandlung die Obstruktion beseitigt?

Schröder (Göttingen): Die Kallikreinaktivität haben wir nicht gemessen. Eine Beseitigung der Obstruktion ist manchmal bei dem klinischen Vollbild nicht ohne weiteres möglich.

Maier (Heidelberg): Wir konnten bei fast allen Patienten, die wir mit Trasylol behandelten, vor der Therapie die Obstruktion – in den meisten Fällen Schleimpfropfen – entfernen. Möglicherweise ist dies der Grund für die Therapieerfolge die sowohl in der Heidelberger als auch in der Gießener HNO-Klinik mit der Trasylolbehandlung erzielt wurden. Mit dem Trasylol erreichen wir eine Eindämmung der entzündlichen Reaktion und eine bislang nicht erklärbare Steigerung der Speichelsekretion. Eine Heilung ist jedoch bei der obstruktiven Parotitis nur dann möglich, wenn die Obstruktion beseitigt wird. Hat man eine ausgebrannte Drüse, womöglich noch mit multiplen intraglandulären Steinen vorliegen, so wird man demnach mit einer Trasylolbehandlung keinen Erfolg haben. Dann muß man zweifelsohne operieren. Fazit: Man sollte möglichst frühzeitig mit Trasylol therapieren.

Münzel (Hamburg): Wenn man die Obstruktion beseitigt und anschließend für einen guten Speichelfluß sorgt, erreicht man dann nicht auch ohne Proteaseninhibitor zufriedenstellende Therapieergebnisse?

Maier (Heidelberg): Nach unseren Erfahrungen ist die zusätzliche Trasylolgabe dem von Ihnen vorgeschlagenen Vorgehen überlegen. Hierzu ist folgendes festzustellen: Im akuten Schub der Erkrankung wirkt Trasylol über eine Kallikreinhemmung schmerzstillend und antioedematös. Ferner beeinflußt dieses Medikament auf bisher nicht geklärte Weise die Speichelsekretion im Sinne einer vermehrten Sekretbildung. Hierdurch werden Schleimpfropfen oder eingedicktes Sekret aus dem Gangsystem ausgespült und eine erneute Obstruktion wird verhindert.

Zur Therapie der chronisch-rezidivierenden Parotitis

M. DEEG, H. MAIER und D. ADLER

Zusammenfassung

Insgesamt 18 Patienten mit chronisch-rezidivierender Parotitis wurden über ein Jahr nach Behandlung mit insgesamt 10 Mio. KIU Aprotinin hinsichtlich des therapeutischen Erfolges nachuntersucht. Als Beurteilungskriterien wurden der Rückgang der Schmerz- und Schwellungssymptomatik herangezogen. Außerdem wurde die gustatorisch stimulierte Speichelflußrate, sowie die Kallikrein- und Phosphohexoseisomerase-Aktivität im Speichel gemessen. 17 Patienten waren innerhalb von 24 Stunden schmerzfrei und zeigten einen Rückgang der Wangenschwellung. Gleichzeitig mit einer deutlichen Verminderung der Kallikrein- und PHI-Aktivität im Speichel kam es zu einer Normalisierung der Speichelflußrate, die in allen Fällen prätherapeutisch erheblich eingeschränkt war. Lediglich bei 2 Patienten war bei Untersuchung nach einem Jahr ein Rezidiv nachweisbar. Nur ein Patient hat auf die Behandlung mit Aprotinin auch primär nicht angesprochen.

Die für eine erfolgreiche Therapie der chronisch-rezidivierenden Parotitis mit Aprotinin erforderlichen Voraussetzungen werden diskutiert.

Einleitung

Die chronisch-rezidivierende Parotitis zeichnet sich klinisch durch eine schmerzhafte Schwellung, meist einer Drüse, gelegentlich aber auch alternierend beider Drüsen aus [1, 7, 15, 16]. Sowohl die Dauer der Entzündungsschübe als auch deren Häufigkeit zeigen eine große individuelle Variabilität. Mit zunehmender Intensität, Häufigkeit und Dauer der Entzündungsschübe tritt für den Patienten das Gefühl der Mundtrockenheit hinzu [1], klinisch erkennbar an einer Verminderung der Speichelflußrate.

Eine entscheidende Rolle spielt bei der Pathophysiologie und Pathogenese dieser Erkrankung das glanduläre Kallikrein, das durch die Zerstörung von Gangepithelien im Bereich der Streifenstücke freigesetzt wird [11]. Nach unserer Meinung liegt hier der Beginn eines Circulus vitiosos, der die entzündliche Reaktion aufrecht erhält und zu einer weiteren Verstärkung führt [12].

Mit dem Proteaseninhibitor Aprotinin (Trasylol, Bayer AG, Leverkusen) steht nun ein hochspezifischer Inhibitor des glandulären Kallikreins zur Verfügung [5], mit dem diese Kette der entzündlichen Reaktionen bereits bei ihrer Entstehung unterbrochen werden kann.

Kopfklinikum, Universitäts-HNO-Klinik, Im Neuenheimer Feld 400, D-6900 Heidelberg

Patienten und Methoden

Die hier vorgelegten Daten berücksichtigen ein Patientenkollektiv von 18 Personen (13 Frauen und 5 Männer), das von Beginn der Therapie an über einen Zeitraum von 1 Jahr hinsichtlich des therapeutischen Erfolges nachuntersucht wurde.

Die Diagnose wurde klinisch gestellt aufgrund der typischen anamnestischen Angaben und der meist einseitigen Drüsenschwellung, sowie aufgrund der Speichelflußratenbestimmung und der sialochemischen Untersuchung. Vielfach konnte die klinische Diagnose auch durch eine zytologische Untersuchung erhärtet werden. Auch eine Sialographie der betroffenen Drüse wurde bei jedem Patienten angefertigt, nicht zuletzt um ein Konkrement auszuschließen.

Die erforderlichen Kontrolluntersuchungen erfolgten unmittelbar vor Therapie, 24 Stunden nach Therapieende, nach einem Monat sowie nach einem Jahr. Nach gustatorischer Stimulation mit 10%iger Zitronensäure, wurde der Speichel direkt über einen 0,5-1 cm in den Stenon'schen-Gang eingeführten Polyäthylen-Katheter in einer Meßpipette gesammelt. Aus der hierfür erforderlichen Zeit wurde die Flußrate als Maß für die Drüsenfunktion berechnet [9]. Die Kallikreinaktivität wurde mit einem chromogenen Substrat (Fa. Kabi, Stockholm) bestimmt. Die PHI-Aktivität, die sich als Marker der entzündlichen Reaktion bewährt hat [10], wurde fotometrisch mit Hilfe einer im Handel befindlichen Mikromethode (Testomar-PHI, Bering-Werke AG) gemessen.

Alle Patienten wurden zur Therapie 2 Tage stationär aufgenommen. Nach Legen eines venösen Verweilkatheters erfolgte mit Hilfe eines Infusomaten die Verabreichung von initial 1 Mio. KIU Aprotinin innerhalb der ersten Std., gefolgt von 250000 KIU/h für weitere 35 Stunden [12]. Bei dem hier vorgestellten Patientenkollektiv erfolgte keine zusätzliche medikamentöse, z.B. antibiotische Therapie. Im Sinne einer adjuvanten Behandlung wurden die Patienten jedoch zu einer gustatorischen Stimulation der Speichelsekretion angehalten und, um eine Normalisierung der oftmals reduzierten Flüssigkeitsaufnahme zu erreichen, zum Trinken aufgefordert. Um einen Einfluß auf die Blutgerinnung auszuschließen, wurde vor, während und nach der Therapie die Thromboplastin-Zeit mit Hilfe des Quick-Wertes kontrolliert.

Ergebnisse

Prätherapeutisch zeigten alle Patienten eine erhebliche Variabilität der Kallikreinaktivität im Speichel zwischen 20 und 100 U/l im Vergleich zu etwa 5 U/l bei einem Normalkollektiv [11]. Mit einer Ausnahme wiesen alle Patienten bereits 24 Stunden nach Therapieende einen erheblichen Rückgang der Kallikreinaktivität auf (Abb.1). Diese Tendenz bestätigte sich bei der Untersuchung nach einem Monat und lediglich bei zwei weiteren Patienten war bei der Kontrolluntersuchung nach einem Jahr ein erneuter Anstieg der Kallikrein-Aktivität zu verzeichnen.

Analog zur Kallikreinaktivität war das Verhalten der PHI. Hier variierten die prätherapeutischen Werte zwischen 100 und 1000 U/l im Vergleich zu etwa 20-50 U/l bei einem Normalkollektiv [10]. Auch hier wurde bereits 24 Std. nach Therapieende ein deutlicher Rückgang der PHI-Aktivität gemessen (Abb.2). Diese

Zur Therapie der chronisch-rezidivierenden Parotitis

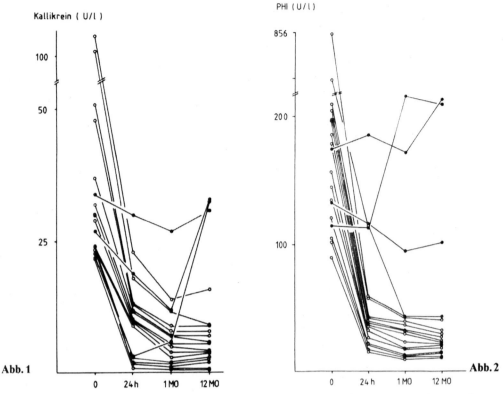

Abb. 1. Aktivität des glandulären Kallikreins (U/l) im Parotisspeichel von 18 Patienten mit chronisch-rezidivierender Parotitis vor und nach Behandlung mit Aprotinin

Abb. 2. Aktivität der Phosphohexose-Isomerase (U/l) im Parotisspeichel von 18 Patienten mit chronisch-rezidivierender Parotitis vor und nach Behandlung mit Aprotinin

Normalisierungstendenz der PHI-Aktivität bestätigte sich auch bei Messung nach einem Monat sowie nach einem Jahr. Eine Ausnahme bildeten wiederum drei Patienten, die auch nach Therapieende eine unverändert hohe PHI-Aktivität aufwiesen.

Die in der bereits beschriebenen Weise gustatorisch stimulierte Speichelflußrate war bei allen Patienten auf Werte unter 0,2 ml/min deutlich reduziert (Abb. 3). Bei insgesamt 10 Patienten war es sogar unmöglich, eine Flußratenbestimmung durchzuführen. Nur geringste Sekretmengen konnten für die sialochemische Untersuchung aus der Drüse ausmassiert werden. Bereits 24 Std. nach Therapieende konnten Flußraten von deutlich über 0,2 ml/Min. gemessen werden und die Kontrolluntersuchung nach einem Monat bzw. nach einem Jahr ergab eine weitgehende Normalisierung des Speichelflusses (Abb. 3). Auch hier war bei einem Patienten keinerlei Besserung unter Therapie festzustellen und zwei weitere Patienten zeigten nach zunächst eingetretener Normalisierung der Flußrate bei der Nachuntersuchung nach einem Jahr eine erneute deutliche Reduzierung.

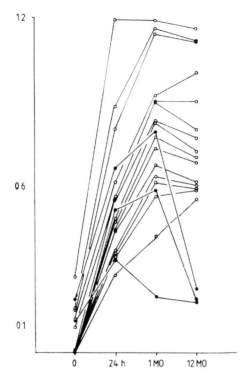

Abb. 3. Flußrate des Parotisspeichels (ml/min.) bei 18 Patienten mit chronisch-rezidivierender Parotitis vor und nach Behandlung mit Aprotinin

Diskussion

Zusammenfassend konnten wir also bei allen von uns erfolgreich behandelten Patienten eine deutliche Verminderung der Kallikreinaktivität im Speichel bereits nach 24 Std. feststellen, welche mit einer Verminderung der enzymatischen Aktivität der Phosphohexoseisomerase einherging, und somit deren Bedeutung als Marker der entzündlichen Reaktion unterstreicht [10]. Subjektiver Parameter des Therapieerfolges war die in allen Fällen innerhalb von 24 Std. erreichte weitgehende Schmerzfreiheit, gefolgt von einer Abnahme der Drüsenschwellung, die innerhalb von wenigen Tagen völlig zurückging. Gleichzeitig kam es bei diesen Patienten zu einer Normalisierung der Speichelflußrate und somit zu einer Befreiung von der quälenden Mundtrockenheit. Unsere Daten zeigen aber auch, daß es selbst nach einem Jahr in der Mehrzahl der Fälle nicht zu einem erneuten Rezidiv gekommen ist. Lediglich ein Patient wies nach der Therapie weder eine Veränderung der Kallikrein- noch der PHI-Aktivität auf und zeigte eine unverändert reduzierte Speichelflußrate. Bei zwei weiteren Patienten, bei denen sich zunächst eine Besserung der subjektiven (Schmerz, Schwellung) sowie objektiven Befunde (Normalisierungstendenz der Speichelflußrate, Reduzierung der Kallikreinaktivität im Speichel) ergeben hatte, muß aufgrund der Untersuchungsdaten nach einem Jahr von einem Rezidiv gesprochen werden.

In allen drei Fällen erscheinen einige klinische Gesichtspunkte von großer Bedeutung: Der Beginn der Erkrankung lag bereits einige Jahre zurück, im Falle des Patienten, der auch primär nicht auf die Therapie angesprochen hatte, bereits über 5 Jahre. Zusätzlich war aufgrund der Anamnese ein exzessiver Alkohol- und Nikotinabusus bekannt. Die beiden anderen Patienten nahmen aufgrund zusätzlicher Erkrankungen Psychopharmaka oder Antihypertensiva ein. Alle drei Patienten nahmen auch weiterhin nicht ausreichend Flüssigkeit zu sich, und hielten die empfohlene gustatorische Stimulation der Speicheldrüsen nicht ein.

Dies hebt noch einmal die Bedeutung der bereits eingangs als adjuvante Therapie bezeichneten Maßnahmen hervor. Es zeigt aber auch den erheblichen Einfluß von Wirkstoffen, die die Speichelsekretion hemmen können, weshalb wir eine ausführliche Medikamentenanamnese für unerläßlich halten.

Darüber hinaus scheint sich hier zu bewahrheiten, daß die therapeutische Wirksamkeit wesentlich von der Gabe einer hohen Aprotinindosis in der frühen Phase einer Erkrankung bestimmt wird [5, 8, 14]. Mit unserem Therapieschema werden Plasmakonzentrationen von zwischen 100 und 150 KIU/ml erreicht [12]. Dies entspricht etwa den Konzentrationen (3 μMol/l), in denen natürliche Plasma-Proteinasen-Inhibitoren vorkommen (z. B. C1-Inhibitor, Alpha 2-Antiplasmin und Antithrombin III). Wir beobachteten hierbei keine therapiebedingten Nebenwirkungen, insbesondere keine Einschränkung der Nierenfunktion oder eine klinisch relevante Veränderung am Gerinnungssystem. Auf die routinemäßig durchgeführte Kontrolle des Quick-Wertes wurde bereits hingewiesen.

Unsere bisher guten Therapieergebnisse kontrastieren zu denen therapeutischer Maßnahmen wie Bestrahlung [6], Unterbindung des Stenon'schen-Ganges [3, 4, 13] oder denervierender Operationen [16, 3, 2]. Diese führten häufig nicht zum Erfolg, so daß zuletzt nur die Parotidektomie mit allen Risiken für den Patienten blieb. Aufgrund der bisherigen klinischen Anwendung lassen sich folgende Faktoren zusammenfassen, die für eine erfolgreiche Therapie der chronisch-rezidivierenden Parotitis mit Aprotinin entscheidend sind:

1. Die exakte Diagnosestellung und Therapie zu einem möglichst frühen Zeitpunkt nach Erkrankungsbeginn.
2. Die sialochemische Untersuchung mit Nachweis der erhöhten Kallikreinaktivität.
3. Die Beseitigung vorhandener Obstruktionen im Bereich der Drüsenausführungsgänge.
4. Die Vermeidung aller, die Speichelsekretion zusätzlich reduzierender Einflüsse.
5. Die konsequente Durchführung der adjuvanten Therapie, die insbesondere auch nach der stationären Behandlung mit Aprotinin von den Patienten weiter durchgeführt werden sollte.

Unter Berücksichtigung der o.g. Punkte hat sich die Therapie mit Aprotinin als eine wesentliche Bereicherung der therapeutischen Möglichkeiten bei der chronisch-rezidivierenden Parotitis erwiesen.

Literatur

1. Becker W, Haubrich J, Seifert G (1978) Krankheiten der Kopfspeicheldrüsen. In: Hals-Nasen-Ohrenheilkunde in Praxis und Klinik, Bd 3, Thieme, Stuttgart
2. Chilla R (1981) Vegetative Hirnnervenstrukturen. Arch Otorhinolaryngol 231: 353
3. Chilla R, Meyrath HO, Arglebe C (1982) Über die operative Behandlung der chronischen Ohrspeicheldrüsenentzündung. Arch Otorhinolaryngol 234: 53
4. Diamant H (1958) Ligation of the parotid duct in chronic recurrent parotitis. Acta Otolaryngol (Stockh.) 49: 375
5. Fritz H, Wunderer G (1983) Biochemie und Anwendung des Kallikreininhibitors Aprotinin aus Rinderorganen. Drug Res 33 (I): 479-494
6. Glasenapp GB, Kessler L, Schmitt W, Otto HJ (1970) Zur Behandlung der chronisch rezidivierenden Parotitis mit Röntgenbestrahlung unter szintigraphischer Kontrolle. Z Laryngol Rhinol 48: 520
7. Haubrich J (1976) Klinik der nichttumorbedingten Erkrankungen der Speicheldrüsen. Arch Otorhinolaryngol 213: 1-61
8. Imrie C, Mackenzie M (1981) Effective aprotinin therapy in canine experimental bile-trypsin pancreatitis. Digestion 22: 32-38
9. Maier H, Triebel C, Heidland A (1982) Die flußratenabhängige Ausscheidung von Elektrolyten im menschlichen Parotis- und Submandibularisspeichel nach Stimulation mit Pilocarpin und Zitronensäure. Laryngol Rhinol Otol (Stuttg) 61: 682-689
10. Maier H, Adler D, Fiehn W (1983) Phosphohexose-Isomerase-Aktivität im Parotis- und Submandibularisspeichel als Parameter in der Diagnostik chronischer Sialadenitiden. Laryngol Rhinol Otol (Stuttg) 62: 383-385
11. Maier H, Adler D, Menstell S, Lenarz Th (1984) Glanduläres Kallikrein bei chronisch-rezidivierender Parotitis. Laryngol Rhinol Otol (Stuttg) 63: 633-635
12. Maier H, Adler D, Lenarz T, Müller-Esterl W (1985) New concepts in the treatment of chronic recurrent parotitis. Arch Otorhinolaryngol 242: 321-328
13. Münzel M, Meister P (1977) Zur Ligatur des Stenon'schen-Ganges bei der chronisch-rezidivierenden Parotitis. Z Laryngol Rhinol 56: 902
14. Schneider B (1976) Ergebnisse einer Feldstudie über den therapeutischen Wert von Aprotinin beim traumatischen Schock. Drug Res 26: 1606-1610
15. Seifert G (1971) Klinische Pathologie der Sialadenitis und Sialadenose. HNO 19: 1-6
16. Seifert G, Miehlke A, Haubrich I, Chilla R (1984) Speicheldrüsenkrankheiten. Thieme, Stuttgart

Diskussionsbemerkungen

Weidauer (Heidelberg): Ich war ja zunächst der Trasylol-Therapie sehr kritisch gegenüber gestanden. Umsomehr haben mich die meist raschen Therapieerfolge beeindruckt. Herr Deeg, können Sie mir sagen wie teuer eine derartige Therapie ist?

Deeg (Heidelberg): Die Patienten werden für zwei Tage stationär aufgenommen. Die Kosten für das Trasylol belaufen sich auf ca. 400.- DM. Wenn man die guten Therapieergebnisse berücksichtigt u. bedenkt, daß viele dieser Patienten zuvor immer wieder mit geringem Erfolg mit auch nicht gerade billigen Antibiotika behandelt wurden, dann sind diese Aufwendungen sicher gerechtfertigt.

Clasen (München): Welcher Art waren die Obstruktionen bei Ihren Patienten und wie haben Sie diese beseitigt?

Deeg (Heidelberg): Es waren meist Schleimpfropfen. Parotissteine sind selten wie Sie wissen. Wir verwenden zur Entfernung dieser Pfropfen ein spezielles Kathetersystem über das Herr Adler später berichten wird.

Helms (Würzburg): Ich darf die Frage von Herrn Münzel noch einmal aufgreifen: Wurde bei den vorgestellten 18 Patienten vor der Trasyloltherapie ein Behandlungsversuch mit Ausmassieren der Drüse und gustatorischer Stimulation unternommen?

Deeg (Heidelberg): Das war bei fast allen Patienten mit Sicherheit der Fall. Ein zufriedenstellender Therapieerfolg konnte jedoch alleine mit diesen Maßnahmen nicht erzielt werden.

Boenninghaus (Heidelberg): Ich kann die Angaben von Herrn Deeg nur bestätigen. Unter den 18 Patienten befanden sich einige meiner Privatpatienten.

Moderne Therapie der Sialolithiasis

D. ADLER und H. MAIER

Zusammenfassung

Die klassische Therapie der Sialolithiasis der großen Kopfspeicheldrüsen ist die chirurgische Entfernung der Konkremente durch eine Exstirpation der Speicheldrüsen oder durch eine Gangschlitzung. Neben diesen Verfahren wurden bei der vorliegenden Untersuchung die Speicheldrüsenausführungsgänge mit einem Ballonkatheter dilatiert und hierdurch ein spontaner Abgang kleinerer Gangkonkremente ermöglicht. Untersucht man die verschiedenen Behandlungsmethoden auf ihre Effizienz, so läßt sich feststellen, daß bei 63% aller Patienten mit Speichelkonkrementen eine Drüsenexstirpation nicht zu vermeiden war. Die von uns bei Steinen im mittleren Gangdrittel angewendete Katheterdilatation hat sich bei nicht zu großen Konkrementen in mehr als 50% erfolgreich erwiesen. Gleichzeitig hat sich diese Methodik auch zur Aufdehnung von Gangstenosen sowie zur Mobilisation und Ausschwemmung von Mikrolithen und Schleimpfröpfen bewährt. Insbesondere bei den seltenen Parotisgangsteinen konnte durch die Dilatationsbehandlung eine Parotidektomie und damit das Risiko einer Fazialisschädigung vermieden werden.

Einleitung

Die Sialolithiasis ist nach den Sialadenosen die zweithäufigste Speicheldrüsenerkrankung [7]. Die Ätiologie ist bis heute nicht geklärt. Allgemein wird angenommen, daß die Erkrankung mit Veränderungen in der Zusammensetzung der Speichelelektrolyte beginnt und chronische Sekretionsstörungen über eine Viskositätszunahme des Speichelsekretes und durch eine Schleimobstruktion der terminalen Speichelgänge zu einer Elektrolytsialadenitis mit sekundären Gangektasien, Gangepithelmetaplasien und Parenchymzerstörungen führen [1]. Im Endstadium bilden sich schließlich Speichelkonkremente, die unter dem klinischen Bild einer obstruktiven Sialadenitis in Erscheinung treten [9]. Nach Rauch (1959) sollen bei der Genese der Steinbildung u. a. mechanische Faktoren (wie z. B. vermehrte Stase im aufsteigenden Wharton'Gang und dadurch stärkere Salzausfällungen und leichtere Infektionsmöglichkeiten), chemische Ursachen (wie z. B. Fermentstörungen), Entzündungen sowie neurohumorale Ursachen eine Rolle spielen [7]. Dabei

---

Kopfklinikum, Universitäts-HNO-Klinik, Im Neuenheimer Feld 400, D-6900 Heidelberg

ist immer noch umstritten, ob primär organische oder anorganische Ausfällungen für die Entstehung der Sialolithiasis bedeutsam sind [12]. Die in gesunden Submandibularisdrüsen beobachteten Mikroablagerungen organischen Materials [8] und die teilweise nicht-mineralisierten Steine in kleinen Speicheldrüsen [5] deuten eher auf eine primär organische Matrix hin.

Bei so vielen Unsicherheiten ist es nicht erstaunlich, daß es eine diätetische Speichelsteinprophylaxe bis heute nicht gibt und ein Verfahren zur medikamentösen Steinauflösung bisher nicht bekannt ist.

Die klinische Symptomatik der Sialolithiasis ist typisch und durch nahrungsabhängige schmerzhafte Drüsenschwellungen charakterisiert. Die Diagnostik bereitet in der Regel keine Schwierigkeiten, da sich die Konkremente infolge ihres Kalkgehaltes entweder direkt röntgenologisch darstellen oder indirekt sialographisch und palpatorisch nachweisen lassen. Die Behandlung ist dagegen weitaus problematischer. Während sich Konkremente im Wharton'Gang häufig durch eine Gangschlitzung leicht entfernen lassen, ist die Exstirpation von Parotisgangsteinen oft schwierig, da sich der Stenon'Gang durch die Knickung um den Massetermuskel nur wenige Millimeter schlitzen läßt und eine Exstirpation der Parotisdrüse mit dem Risiko einer Fazialisschädigung verbunden ist.

Neue Behandlungsverfahren zur Entfernung von Nieren- und Gallensteinen wie die extrakorporale Stoßwellen-Lithotripsie, die Laserfragmentation sowie die Katheterdilatation bei Koronarstenosen haben uns angeregt, auch bei der Sialolithiasis nach neuen Therapiewegen zu suchen. Im Sinne einer ersten Alternative zur Speichelgangsschlitzung und Exstirpation der Speicheldrüse haben wir u. a. in geeigneten Fällen die Entfernung nicht zu großer Konkremente mit Hilfe der Gangdilatation versucht.

Technik der Gangdilatation

Die Schleimhaut des Ostiums des Wharton'- bzw. des Stenon-Ganges wird mit einem Spray anästhesiert und ein Anästhesie-Gel in den Speichelgang instilliert. Das Ostium wird mit einem konischen Metallstift aufgeweitet oder bei engen Verhältnissen geschlitzt. Danach wird ein Dilatationskatheter (Grüntzig Coronar, Fa. Schneider Medintag, Zürich, Schweiz) aus Kunststoff, wie er zur Koronardilatation bei Gefäßstenosen verwandt wird, in den Stenon'- bzw. Wharton-Gang bis dicht an das Konkrement vorgeschoben. Die Führung des Katheters erfolgt dabei über eine flexible Metallspitze. Der Gang wird über eine ca. 3,5 cm lange Kunststoffmanschette, welche mit Wasser gefüllt wird, mehrfach direkt vor dem Stein dilatiert. Anschließend werden Mikrolithen und Schleimpfröpfe über eine zweite Katheterführung, die an der Spitze des Dilatationskatheters endet, ausgespült (Abb. 1 u. 2).

Methodisches Vorgehen bei Sialolithiasis:

1. Bei ostiumnahen Steinen: Ostium- und Gangschlitzung.
2. Bei Steinen im mittleren Gangdrittel: Gangdilatation, evt. mit Ostiumschlitzung.
3. Bei gut palpablen drüsennahen Steinen: hintere Mundbodenspaltung.
4. Bei intraglandulären Steinen und Rezidiven: Exstirpation der Drüse.

Moderne Therapie der Sialolithiasis

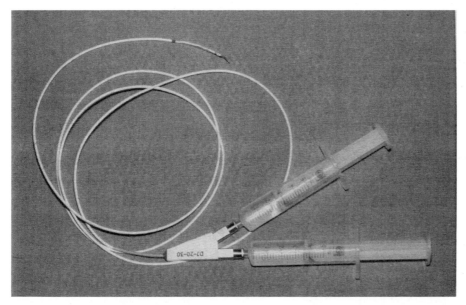

Abb. 1. Dilatationskatheter mit 2 Spritzenaufsätzen zur Füllung der Dehnungsmanschette und zur Gangspülung mit Aqua dest.

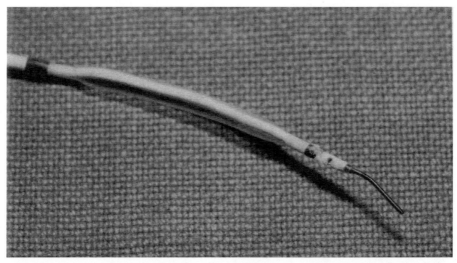

Abb. 2. Spitze des Dilatationskatheters mit Dehnungsmanschette und röntgendichten Markierungsringen

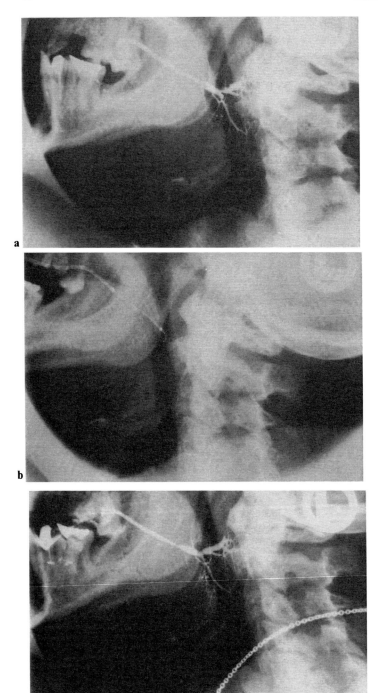

Abb. 3. **a** Röntgenkonstrastgefüllter Stenon-Gang mit drüsennahem Stein. **b** Stenon-Gang mit eingeführtem Dilatationskatheter. **c** Röntgenkontrastgefüllter Stenon-Gang nach Dilatationsbehandlung und spontaner Steinausstoßung

Patientengut und Behandlungsergebnisse

Insgesamt wurden 49 Patienten, davon 36 Männer und 32 Frauen, mit Sialolithiasis behandelt. Ein Geschlechtsverhältnis von 2:1, wie es von verschiedenen Autoren [7, 4] beschrieben wurde, ließ sich in unserem relativ kleinen Krankengut nicht feststellen. Ähnlich, wie bei den Untersuchungen von Rauch [7] und Matthes [6] handelte es sich in 92% (n=45) der Fälle um eine Sialolithiasis der Glandula submandibularis und sublingualis, dagegen in nur 8% (n=4) um eine Steinbildung im Ausführungsgang der Glandula parotis.

Der jüngste Patient war 19 Jahre alt, der älteste 72 Jahre alt. Mit 40–50 Jahren lag das Durchschnittsalter ähnlich hoch wie bei Beetke [2], jedoch etwas höher als bei Rauch [7]. Die Krankheitsdauer war unterschiedlich und reichte von einigen Tagen bis zu 12 Jahren.

Die histologische Untersuchung des Drüsenparenchyms bei Sialolithiasis ergab sehr charakteristische Befunde: intraazinäre und periduktale lymphoplasmazelluläre Infiltrate, Fibrose, Hyalinose und Lipomatose des Parenchyms, Gangektasien mit Metaplasien und Gangepithelzerstörungen sowie Dyschylie und Mikrolithen. Häufig konnten die von Seifert und Donath [11] (1977) beschriebenen histologischen Bilder der Verlaufsstadien II–III der Küttner-Tumoren, bei denen in 50% der Fälle ebenfalls Speichelsteine nachgewiesen wurden [12], beobachtet werden. Bei 8 Patienten bestand eine eitrige Sekretion aus den Speichelgängen. Die bakteriologische Untersuchung des Sekretes ergab 7mal nicht-hämolysierende Streptokokken und einmal Bacterioides species. Speichelchemische Untersuchungen wurden in der Regel nicht durchgeführt, da eine Stimulation der Drüsensekretion nicht zumutbare Beschwerden durch die steinbedingte Gangobturation verursacht hätte. Bei 3 Patienten mit Mikro-Sialolithiasis ergab die speichelchemische Untersuchung eine eingeschränkte Speichelflußrate sowie erhöhte Phosphohexoseisomerase-, Immunglobulin-A-, Lysozym- und Kallikrein-Werte.

Alle 4 Patienten mit Parotisgangsteinen konnten ohne Drüsenexstirpation geheilt werden. Bei 3 Patienten ließen sich die Konkremente durch eine Dilatation des Drüsenausführungsganges lösen, so daß die Steine spontan in den Mund ausgestoßen wurden (Abb. 3a–c). Bei einem Patienten wurde der ostiumnahe Stein durch eine Ostiumschlitzung entfernt.

Bei den übrigen 45 Patienten mit Steinen der Glandula submandibularis bzw. der Glandula sublingualis mußten die Drüsen 17mal primär, bei weiteren 14 Kranken sekundär exstirpiert werden, nachdem eine Gangschlitzung oder -dilatation keine Beschwerdefreiheit gebracht hatte. Von 16 Patienten mit primärer Gangschlitzung wurden sechs, von 12 Patienten mit primärer Gangdilatation sieben Kranke beschwerdefrei (Abb. 4a–c). Bei 2 Patienten konnte das Konkrement durch eine hintere Mundbodenspaltung erfolgreich entfernt werden.

Diskussion

Auch bei unseren Untersuchungen hat sich gezeigt, daß 90% aller Speichelsteine im Bereich der Submandibularis- oder Sublingualisdrüsen vorkommen. Therapie der Wahl ist hier – im Gegensatz zu den Parotissteinen – die totale Exstirpation der Drüse, welche bei 63% unserer Patienten zu einer Heilung ihres Steinleidens

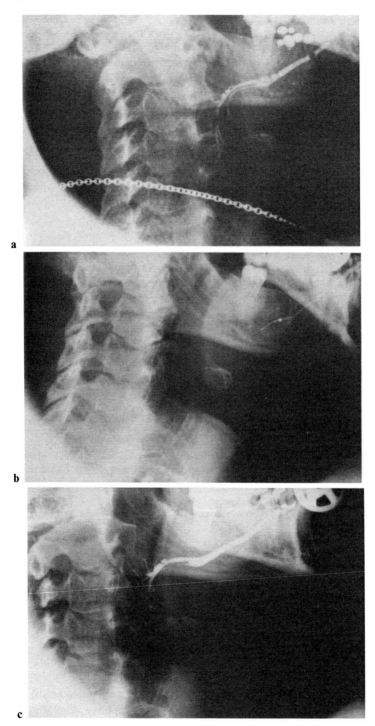

Abb. 4. **a** Röntgenkontrastgefüllter Wharton-Gang mit Konkrement. **b** Dilatationskatheter im Wharton-Gang. **c** Röntgenkontrastgefüllter Wharton-Gang nach der Dilatationsbehandlung und nach Spontanabgang des Speichelsteines

führte. Zählt man die 6 Patienten mit erfolgreicher Gangschlitzung dazu, so wurden insgesamt 75% unserer Kranken durch die klassische Therapie der Speicheldrüsenentfernung und Gangschlitzung geheilt. Mißerfolge nach alleiniger Gangschlitzung oder Gangdilatation stellten sich vor allem dann ein, wenn anfangs nicht bekannte zusätzliche Konkremente weiterhin nahrungsabhängige Drüsenschwellungen verursachten.

Um die Exstirpation einer großen Kopfspeicheldrüse bei Sialolithiasis wenn möglich zu vermeiden, hat sich eine Speichelgangsdehnung mit Hilfe eines Dilatationskatheters bei bis hirsekorngroßen Steinen in den mittleren Gangabschnitten sowohl der Glandula submandibularis als auch der Glandula parotis bewährt. Dies erscheint besonders interessant zur Entfernung von peripher gelegenen Parotisgangsteinen, da mit Hilfe der Dilatationsmethode eine Parotidektomie und damit das Risiko einer Facialisschädigung vermieden werden kann. Allerdings muß bei engen Ostiumverhältnissen zur leichteren Einführung des Katheters vor der zur Gangdilatation das Ostiums ca. ½ cm geschlitzt werden. Das Vorschieben des Kunststoff-Katheters, der primär bei der transluminalen Koronar-Angioplastik eingesetzt wird [3], erfordert einige Übung und Geduld, letzteres auch vom Patienten. Außer einer schonenden Steinentfernung können durch die Dilatation gleichzeitig Gangstenosen beseitigt sowie Mikrolithen und Schleimpfröpfe gelöst und ausgespült werden.

Untersuchungen von Scott [8] haben gezeigt, daß bei älteren Patienten selbst in klinisch stummen Drüsen vermehrt Mikroablagerungen organischen Materials im intraglandulären Gangsystem der Submandibulardrüsen nachgewiesen werden können. Seifert u. Donath [10] fanden bei Stoffwechselkrankheiten in bis zu 40% aller Parotisdrüsen intrakanalikuläre Phäro- und Mikrolithen. Auch bei 10% unserer Patienten, deren Submandibularis- und Sublingualisdrüsen unter dem klinischen Verdacht einer chronischen Sialadenitis exstirpiert wurden, hat sich eine Mikro-Sialolithiasis erst postoperativ durch die histologische Untersuchung bestätigen lassen. Besonders zur Entfernung dieser Mikrokonkremente und der bei älteren Patienten häufig vorkommenden zähen Schleimpfröpfe, die den Ausführungsgang der Drüsen verlegen und immer wieder zu Sekretstau führen, ist die Dilatationsmethode zusätzlich sinnvoll und erfolgversprechend. Selbstverständlich kann eine alleinige Gangdehnung bei größeren Konkrementen nicht erfolgreich sein. In diesen Fällen haben wir versucht, nach der Dilatationsbehandlung, die wir nur als erste Therapie-Alternative betrachten, größere Steine im Speichelgang zu zertrümmern und dann auszuspülen. Die intraduktale Lithotripsie durch Ultraschall, wie sie von Türk [13] auf der 55.Jahresversammlung der Deutschen Gesellschaft für Hals-Nasen-Ohren-Heilkunde in Bad Reichenhall vorgestellt wurde, hat sich bei klinischer Anwendung als zu zeitaufwendig und wenig wirksam erwiesen. Dagegen erscheint der Einsatz eines Laser-Lithotripters, wie er zur Zerkleinerung von Gallengangsteinen eingesetzt wird, weitaus erfolgversprechender. Bei In-vitro-Versuchen mit einem Stoßwellengerät (Fa. Wolf, Knittlingen, West-Germany), ähnlich wie es bei der Nierensteinzertrümmerung eingesetzt wird und bei dem die Energie über eine flexible Metallsonde an die mit H_2O umspülten Konkremente geleitet wird, konnten Speichelsteine innerhalb weniger Sekunden zertrümmert werden. Eine Schädigung des Speichelgangepithels erscheint dabei jedoch nicht ausgeschlossen. Diesbezügliche Untersuchungen werden von uns derzeit durchgeführt.

Literatur

1. Becker W, Haubrich J, Seifert G (1978) Krankheiten der Kopfspeicheldrüsen. In: Berendes, Link, Zöllner (Hrsg) HNO-Heilkunde in Praxis und Klinik. 2. Aufl. Bd 3, Thieme, Stuttgart
2. Beetke E (1972) Speichelsteine (Diagnostik und Verteilung). Zbl Chir 31: 1073
3. Grüntzig AR (1984) Seven years of coronary angioplasty. Z Kardiol (Suppl 2) 73: 159
4. Haubrich J (1976) Klinik der nichttumorbedingten Erkrankungen der Speicheldrüsen. Arch Oto-Rhino-Laryng 213: 1-59
5. Jensen JL, Howell FV, Rick GM, Coxell RW (1979) Minor salivary gland calculis: A clinicopathologic study of forty-seven new cases. Oral Surg 47: 44
6. Mathis H (1960) Zur Frage der Sialolithiasis. In: Fortschritte der Kiefer- und Gesichtschirurgie. Bd. 6, Thieme, Stuttgart
7. Rauch S (1959) Die Speicheldrüsen des Menschen. Thieme, Stuttgart
8. Scott J (1978) The prevalence of consolidated salivary deposits in the small ducts of human submandibular glands. J Oral Pathol 7: 28
9. Seifert G (1964) Die Sekretionsstörungen (Dyschylien) der Speicheldrüsen. Ergeb allg Path Anat 44: 103-107
10. Seifert G, Donath K (1976) Die Morphologie der Speicheldrüsenerkrankungen. Arch Oto-Rhino-Laryng 213: 111-208
11. Seifert G, Donath K (1977) Zur Pathogenese des Küttner-Tumors der Submandibularis: Analyse von 349 Fällen mit chronischer Sialadenitis der Submandibularis. HNO 25: 81
12. Seifert G, Miehlke A, Haubrich J, Chilla R (1984) Speicheldrüsenkrankheiten. Thieme, Stuttgart New York
13. Türk R (1984) Ultraschall-Lithotripsie – eine neue Methode der Speichelsteinentfernung. Arch Oto-Rhino-Laryng. Suppl 1984/II, Verh Ber d Dt Ges f HNO-Heilk, Kopf- und Halschir, Teil II Sitzungsbericht. Springer, Berlin Heidelberg New York, S 168

Diskussionsbemerkungen

Pinkpank (Gießen): In wieviel Prozent der Fälle gelingt es Ihnen den doch immerhin mehr als 1 mm durchmessenden Katheter in das recht mobile und enge Ostium des Whartonschen Ganges einzuführen?

Adler (Heidelberg): Die technische Durchführung ist nicht ganz unproblematisch. Der Katheter selbst, ohne die Manschette, läßt sich recht gut einführen. Das Einbringen der Manschette in den Gang hingegen ist oft schwierig. Bei ca. ⅔ der Patienten ist hierzu eine Schlitzung des Ostiums erforderlich.

Seifert (Hamburg): Ich glaube, daß man die therapeutische Wirksamkeit einer alleinigen mechanischen Beseitigung eines Abflußhindernisses mit einer gewissen Zurückhaltung beurteilen sollte. Zum einen liegen neben einem großen Stein wie Sie bereits gesagt haben nicht selten zahlreiche Mikrolithen vor. Zum anderen wird beim Vorliegen einer Sekretionsstörung z. B. bedingt durch Alkoholismus oder verschiedene Stoffwechselerkrankungen mit der Beseitigung des Konkrementes die Ursache der Konkrementbildung nicht beseitigt. Das Rezidiv ist dann sozusagen vorprogrammiert.

Adler (Gießen): Gerade wegen der Häufigkeit zusätzlich vorliegender Mikrolithen beschränken wir uns nicht auf die Dilatation u. die Beseitigung großer Abflußhindernisse, sondern spülen zusätzlich das Gangsystem über den liegenden Grüntzig-Katheter. Liegt eine therapieresistente Stoffwechselerkrankung zugrunde mit immer wieder rezidivierenden Speichelsteinen, dann wird man, insbesondere wenn es sich um die Gl. submandibularis handelt, doch eine Exstirpation in Erwägung ziehen.

Parotisschwellungen bei Dystrophikern

Nach einem Diskussionsbeitrag von H.-G. BOENNINGHAUS

Boenninghaus und Eigler publizierten 1948 eine Beobachtung, wonach bei 30 dystrophischen Patienten bei der Heimkehr aus Gefangenenlagern und Lazaretten 1946/1947 eine Parotisschwellung, in einigen Fällen auch eine Submandibulardrüsenschwellung auftrat. Die Autoren konnten nachweisen, daß der Fermentgehalt in keiner Relation zur Größe der Parotisschwellung stand und Unterernährung bzw. Fehlernährung mit fast ausschließlich Kohlehydraten nicht die Annahme einer Arbeitshypertrophie der Parotis rechtfertigen. Bei manchen Patienten wurde die Parotisschwellung erst wahrgenommen, als sie sich in der Heimat von ihrer Unterernährung bereits wesentlich erholt hatten. Ursache der Parotisschwellung dürfte die Unter- bzw. Fehlernährung mit fast ausschließlich Kohlenhydraten und kaum Eiweiß gewesen sein. Die Annahme einer Hypertrophie des Speicheldrüsengewebes allgemeinen Stoffwechselstörungen und inkretorischen Störungen bei Dystrophikern sollte Anlaß geben, mit modernen Möglichkeiten der Speicheldrüsendiagnostik tierexperimentell eine ätiologische Klärung der Speicheldrüsenhypertrophie herbeizuführen.

Literatur

Eigler G, Boenninghaus H-G (1948) Parotisschwellungen bei Dystrophikern. Ärztliche Wochenschrift 3: 45-48

Kopfklinikum, Universitäts-HNO-Klinik, Im Neuenheimer Feld 400, D-6900 Heidelberg

Sialadenose bei Bulimia nervosa

H. MAIER[1], I. A. BORN[2], H. BIHL[3] und A. KÜCHENHOFF[4]

Einleitung

Bei der Bulimia nervosa handelt es sich ähnlich wie bei der Anorexia nervosa um eine schwere Störung des Eßverhaltens und der Beziehung zum Essen [7], deren Häufigkeit in den letzten 20 Jahren drastisch zugenommen hat [6]. Hinsichtlich der Ätiologie der Bulimia herrscht keine Einigkeit. Obwohl inzwischen auffällige biochemische und endokrinologische Befunde erhoben wurden, geht man bislang davon aus, daß primär psychogene bzw. primär psychosoziogene Faktoren eine ursächliche Rolle spielen [7]. Betroffen sind fast ausschließlich junge, aus der Mittelschicht stammende Frauen. Das Krankheitsbild ist charakterisiert durch episodisch auftretende „Freßattacken" von zwanghaftem Charakter, auf die jeweils selbst provozierte Brechattacken folgen [4, 7, 9]. Erhebliche Gewichtsverluste bis zum lebensbedrohlichen Untergewicht wie bei der Anorexia nervosa treten bei der Bulimie in der Regel nicht auf. Die Patienten sind im Gegensatz dazu meist mehr oder weniger normalgewichtig. Bei einem Teil der Bulimiepatienten - manche Autoren sprechen von 40-50% [8] - treten im Gefolge von „Freß/Brechattacken" massive schmerzlose Schwellungen der Glandula parotis und/oder der Glandula submandibularis auf. Diese Speicheldrüsenschwellungen bedeuten eine zusätzliche schwere Belastung der auf ihr äußeres Erscheinungsbild in besonderem Maße fixierten, psychisch labilen Patientinnen und veranlassen sie nicht selten erstmals ärztliche Hilfe in Anspruch zu nehmen.

In der vorliegenden Arbeit werden anhand eines Fallbeispieles die Besonderheiten der Speicheldrüsenbeteiligung bei Bulimia nervosa beschrieben und Ansätze zur Therapie dieser Begleiterscheinung des Krankheitsbildes diskutiert.

Fallbeschreibung

A. I., geboren 1961, weiblich. Im 14. Lebensjahr, zum Zeitpunkt der Pubertät kam es bei der Patientin zum Auftreten einer Eßstörung. Ihr Körpergewicht schwankte dabei zwischen 48 und 90 kg. In sorgevollen Zeiten aß sie übermäßig, um in Zei-

---

[1] Kopfklinikum, Universitäts-HNO-Klinik, Im Neuenheimer Feld 400, D-6900 Heidelberg
[2] Institut für Pathologie der Universität, Abt. für allg. und pathologische Anatomie, Im Neuenheimer Feld 220/221, D-6900 Heidelberg
[3] Abt. für klinische Nuklearmedizin der Universität, Im Neuenheimer Feld, D-6900 Heidelberg
[4] Psychosomatische Klinik der Universität, Thibautstr. 2, D-6900 Heidelberg

ten größerer Ausgeglichenheit wiederum zu hungern. Im 20. Lebensjahr begann die bulimische Symptomatik mit sich täglich 3-4mal wiederholenden „Freß- und Brechattacken". Seit dieser Zeit lag das Gewicht im Normbereich. Etwa 4 Jahre später kam es zum Auftreten rezidivierender schmerzloser Schwellungen der Glandulae parotides und submandibulares. Die Schwellungen manifestierten sich insbesondere nach exzessiven „Freß/Brechattacken" und führten die Patientin schließlich in HNO-ärztliche Behandlung.

Die nunmehr 24-jährige Patientin befand sich bei der Erstuntersuchung in einem regelrechten Allgemein- und Ernährungszustand. Auffällig war eine ausgeprägte, weiche, nicht schmerzhafte Schwellung beider Ohrspeichel- und Unterkieferspeicheldrüsen. Aus den Wharton'schen und Stenon'schen-Gängen entleerte sich reichlich klares Sekret. Der übrige HNO-ärztliche Spiegelbefund war regelrecht. Die Sialometrie ergab nach gustatorischer Stimulation mit 5%-iger Zitronensäure eine deutlich erhöhte Flußrate, sowohl was die Glandula submandibularis (1,87 ml/min; Norm: 0,4-1,2 ml/min), als auch was die Glandula parotis anbetraf (1,45 ml/min; Norm: 0,4-1,3 ml/min). Die chemische Analyse des Sekretes ließ hinsichtlich des pH-Wertes, sowie der Konzentrationen von Lysozym, Gesamtprotein, Natrium, Kalium und Kalzium keine Abweichung von der Norm erkennen. Die Aktivität der Phosphohexoseisomerase einem wichtigen Markerenzym für entzündliche Reaktionen der großen Kopfspeicheldrüsen lag ebenfalls im Normbereich. Die Aktivität der alpha-Amylase hingegen war im Submandibularisspeichel (78 205 U/l; Norm: 80 000-150 000 U/l) und insbesondere im Parotisspeichel (23 461 U/l; Norm: 80 000-200 000 U/l) deutlich erniedrigt. Die Sialographie der Gl. parotis zeigte das typische Bild des entlaubten Baumes, d.h. zarte Speicheldrüsengänge mit fehlender Darstellung der peripheren Abschnitte des Gangsystems. Im B-Scan Sonogramm stellten sich homogen vergrößerte Gl. submandibulares und parotides dar. Ein Funktionsszintigramm zeigte eine starke Anreicherung des Radiopharmakons in beiden Drüsen, sowie eine überdurchschnittlich schnelle Ausscheidung nach gustatorischem Reiz. Zur Sicherung der Diagnose wurden Gewebeproben aus der Glandula submandibularis und der Glandula parotis entnommen. Die histologische Untersuchung der Präparate zeigte jeweils eine Vergrößerung der serösen Drüsenazini mit basalwärts verlagerten Zellkernen. Daneben fiel eine vakuoläre Aufhellung des Zytoplasmas auf. Die mukösen Azinuszellen der Gl. submandibularis waren von diesen Veränderungen nicht betroffen. Aufgrund der histologischen Befunde wurde die Diagnose Sialadenose vom vakuolären Typ gestellt. Die Patientin unterzog sich einer dreimonatigen stationären psychosomatischen Therapie. Unter dieser Behandlung kam es zu einer Rückbildung der bulimischen Symptomatik. Gleichzeitig zeigte die beschriebene Speicheldrüsenschwellung eine deutliche Tendenz zur Rückbildung.

Diskussion

Die Sialadenose wurde von Seifert [11] als eine nicht-entzündliche parenchymatöse Speicheldrüsenerkrankung, die auf Stoffwechsel- und Sekretionsstörungen des Drüsenparenchyms beruht und meist mit einer rezidivierenden schmerzlosen doppelseitigen Speicheldrüsenschwellung, besonders der Parotis einhergeht, beschrieben. Nach bislang vorliegenden Erkenntnissen liegt der Altersgipfel des Krankheitsbildes zwischen der 4. und 7. Lebensdekade. Eine eindeutige Geschlechtsdisposition konnte bislang nicht nachgewiesen werden. Pathohistologisch beruht die Speicheldrüsenschwellung bei der Sialadenose auf einer Vergrößerung des Azinuszelldurchmessers. Lichtmikroskopisch lassen sich drei verschiedene Erscheinungsbilder differenzieren: Die granuläre Form mit dicht gepackten Sekretgranula im Zytoplasma, die wabige Form mit vakuolären Aufhellungen des Zytoplasmas und die gemischte Form mit einem Wechsel von granulierten und vakuolär umgewandelten Acinuszellen [12]. Bezieht man elektronenmikroskopische Befunde mit ein, so finden sich als weitere Charakteristika der Sialadenose regressive Veränderungen der Myoepithelzellen und eine degenerative Schädigung des intraglandulären vegetativen Nervensystems, insbesondere im Bereich der postganglionären sympathischen Neuriten [12]. Die Ätiologie der Sialadenose ist bis heute nicht geklärt. Man findet diese Speicheldrüsenerkrankung bei nahezu allen Erkrankungen der endokrinen Drüsen. Besonders hervorzuheben sind in diesem Zusammenhang der Diabetes mellitus, Störungen des dienzephal-hypophysären Systems, der Keimdrüsen, der Schilddrüse, sowie Erkrankungen der Nebennierenrinde [12]. Diese Fälle werden als endokrin bedingte Sialadenosen zusammengefaßt. Sialadenosen wurden ferner im Zusammenhang mit Vitamin- und Eiweißmangelzuständen beobachtet [3, 12]. Man spricht dann von der dystrophisch metabolischen Form der Sialadenose. Schließlich gibt es noch die Gruppe der neurogenen Sialadenosen, die im Rahmen von zentralen und peripheren Funktionsstörungen des intraglandulären vegetativen Nervensystems beschrieben wurden [12]. Wie ist die Speicheldrüsenschwellung bei der Bulimia nervosa einzuordnen? Im vorgestellten Fall konnte pathohistologisch sowohl hinsichtlich der Gl. parotis als auch der Gl. submandibularis eindeutig eine Sialadenose vom vakuolären Typ nachgewiesen werden. Dieser morphologische Befund erlaubt allerdings keine Zuordnung zu einer eventuellen Grunderkrankung, sondern informiert bestenfalls über das Stadium der Erkrankung. Die erniedrigte Aktivität der alpha-Amylase im Parotis- und Submandibularisspeichel dürfte als Ausdruck einer beginnenden Erschöpfung der Enzymbildung zu werten sein. Eine in diesem Stadium häufig beobachtete Verminderung der Speichelflußrate und eine Zunahme der Viskosität des Speichels war nicht nachweisbar. Vielmehr fand sich ein deutlich über der Norm liegender Speichelfluß. Die Funktionsszintigraphie der Kopfspeicheldrüsen zeigt bei fortgeschrittenen Sialadenosen eine mäßiggradig bis stark verzögerte Abgabe von Radiotechnetium nach gustatorischer Stimulation [12]. Diametral entgegengesetzt hierzu beobachteten wir im vorgestellten Fall neben einer raschen und intensiven Aufnahme des Isotops in die Drüse eine außergewöhnlich schnelle Ausscheidung nach gustatorischem Reiz mittels Zitronensäure. Die rasche Anflutung des Radionuklids spricht für eine erheblich gesteigerte Drüsendurchblutung. Die schnelle Ausscheidung nach gustatorischem Reiz dürfte als Ausdruck einer gesteigerten Empfindlichkeit gegenüber cholinergen Reizen zu interpretieren sein. Die Frage nach auslösenden Ursachen für die Sialadenose bei der Bulimia nervosa ist kompliziert. Eine Mangelernährung und ein daraus resultierendes Protein- und Eiweißdefizit dürfte als aetiopathogenetischer Faktor kaum in Frage kommen. Zum einen sind die Bulimiepatienten meist normalgewichtig, zum anderen treten die Speicheldrüsenschwellungen nicht während oder nach Hungerperioden auf, sondern nach „Freß/Brechattacken". Somit erscheint eine Eingliederung in die Gruppe der metabolisch-dystrophischen Sialadenosen nicht sinnvoll. Bislang geht man davon aus, daß primär psychogene Faktoren bei der Bulimie eine ursächliche Rolle spielen. Es läßt sich jedoch nicht von der Hand weisen, daß es zumindest im Verlauf der Erkrankung zur Manifestation zentralnervöser Regulationsstörungen kommt [2]. Diese Tatsache läßt an die Möglichkeit einer neurogen bedingten Sialadenose denken. Bislang ist diese Annahme allerdings von spekulativem Charakter und rechtfertigt keineswegs die Ansiedlung der bulimischen Sialadenose in der Gruppe der neurogenen Sialadenosen. Endokrine und vor allem neuroendokrine Störungen auf hypothalamisch-hypophysärer Ebene mit Auswirkungen auf Schilddrüse, Ovar und Nebennierenrinde lassen sich bei einer Vielzahl von Bulimiepatienten nachweisen [2] und kommen theoretisch als pathogenetische Faktoren für die Entstehung der Sialadenose in Frage. Besonders erwähnenswert erscheint die Tatsache, daß die Parotisschwellung bei der Bulimie fast ausschließlich nach „Freß/Brechattacken" auftritt. So kommt es durch eine exzessive Nahrungszufuhr zu einer abrupten Stimulation des Pankreas [10] und einer Freisetzung von bislang nicht näher definierten humoralen Substanzen. Letztere vermögen am tierexperimentellen Modell der Ratte eine Sialadenose zu induzieren [5]. Dieser Mechanismus scheint unseres Erachtens eine entscheidende Rolle für das Auftreten der bulimischen Sialadenose zu spielen. Unterstützt wird diese Vorstellung durch Untersuchungen von Watt [13], der bei unterernährten Kriegsgefangenen 2-6 Tage nach exzessiven Freßphasen das Auftreten einer weichen, nicht dolenten Schwellung der Ohrspeicheldrüsen beschrieb. Unter Berücksichtigung dieser Befunde scheint eine Einordnung der bulimischen Sialadenose in die Gruppe der endokrinen Sialadenosen zum jetzigen Zeitpunkt am ehesten gerechtfertigt. Neben der Frage nach den Ursachen der Erkrankung steht natürlich die Frage nach den Therapiemöglichkeiten im Raum. Die Patienten sind fast ausnahmslos sehr stark auf ihr äußeres Erscheinungsbild fixiert und drängen daher trotz fehlender Schmerzen auf eine Behandlung. Im amerikanischen Schrifttum wird aus diesem Grunde bei massiver Schwellung der Ohrspeicheldrüse eine laterale Parotidektomie beidseits empfohlen [1]. Der vorgestellte Fall zeigt jedoch, daß sich die Sialadenose bei der Bulimia nervosa mit der Therapie der Grunderkrankung zurückbilden kann. Initial sollte daher eine psychosomatische Therapie erfolgen. Kommt es nach Abschluß dieser Behandlung zu keiner Rückbildung der Speicheldrüsenschwellung, so kann bei entsprechendem Leidensdruck des Patienten immer noch ein chirurgisches Vorgehen erwogen werden.

Die Häufigkeit der Bulimia nervosa hat in den letzten Jahren permanent zugenommen. Die Patienten versuchen in der Regel ihre Erkrankung zu verheimlichen. Ein Arzt wird oft erst dann aufgesucht, wenn kardiale oder gastrointestinale Komplikationen oder eine Schwellung der Speicheldrüsen im Gefolge der „Freß/Brechattacken" auftreten. Der HNO-Arzt ist daher möglicherweise die erste Kontaktperson dieser Patienten und sollte bei unklaren Speicheldrüsenschwellungen das Vorliegen einer Bulimie differentialdiagnostisch in Erwägung ziehen und in der Anamnese gezielt nach Störungen des Eßverhaltens forschen.

Zusammenfassung

Bei vielen Patienten, die an einer Bulimia nervosa leiden, kommt es im Verlauf der Erkrankung zu bislang nicht näher definierten schmerzlosen Schwellungen der Kopfspeicheldrüsen. In der vorliegenden Arbeit wird der Fall einer 24-jährigen Patientin mit Bulimia nervosa bei der es im Gefolge einer besonders intensiven „Freß/Brechphase" zum Auftreten einer symmetrischen Parotis- und Submandibularisschwellung gekommen war vorgestellt. Die histologische Aufarbeitung von Gewebe aus beiden Drüsen ergab die Diagnose einer Sialadenose. Da die Speicheldrüsenschwellung nach intensiven sogenannten „Freß/Brechattacken" auftrat, wird eine abrupte Stimulation des Pankreas als ursächlicher Faktor vermutet. Nach 3-monatiger psychosomatischer Therapie kam es zu einer Rückbildung der bulimischen Symptomatik. Die Speicheldrüsenschwellung zeigte eine gute Tendenz zur Rückbildung. Bei unklaren Schwellungen der großen Kopfspeicheldrüsen sollte das Vorliegen einer Bulimie differentialdiagnostisch in Erwägung gezogen werden.

Literatur

1. Borke GS, Calcaterra TC (1985) Parotid hypertrophy with bulimia: A report of surgical management. Laryngoscope 95: 597–598
2. Copeland PM (1985) Neuroendocrine aspects of eating disorders. In: Emmett SW (ed) Theory and treatment of anorexia nervosa and bulimia. Brunner/Mazel, Publishers, New York
3. Eigler G, Boenninghaus HH (1948) Parotisschwellung bei Dystrophikern. Ärztliche Wochenschrift 3: 45–48
4. Herzog DB, Copeland PM (1985) Eating disorders. N Engl J Med 313: 295–303
5. Kakizaki G, Sasahara M, Soena T, Shoij S, Ishidate T, Senou A (1978) Mechanism of the pancreas-parotid gland interaction. Am J Gastroent 70: 635–644
6. Kelly TJ (1975) Bulimia, growing epidemic among women. Postgrad Med 78: 187–195
7. Leiber B (1986) Die großen Eßstörungen: Anorexia nervosa und Bulimia nervosa. Pais 5: 61–64
8. Levin PA, Falko JM, Dixo K, Gallup EM, Saunders W (1980) Benign parotid enlargement in bulimia. Ann Intern Med 93: 827–829
9. Pyle RL, Mitchel JE, Ekcert ED (1981) Bulimia: A report of 34 cases. J Clin Psych 42: 60–64
10. Schoettle UG (1979) Pancreatitis: A complication, a concomittant or a course of an anorexia like syndrome. J Am Acad Psychiatry 18: 384–390
11. Seifert G (1971) Klinische Pathologie der Sialadenitis und Sialadenose. HNO 19: 1–9
12. Seifert G, Miehlke A, Haubrich J, Chilla R (1984) Speicheldrüsenkrankheiten. Thieme, Stuttgart
13. Watt J (1977) Benign parotid swellings: A review. Proc R Soc Med 70: 483–486

Immunhistologische Charakterisierung maligner Speicheldrüsentumoren

H. F. OTTO, I. A. BORN und K. SCHWECHHEIMER

Einleitung

Die Klassifikation gut- und bösartiger Speicheldrüsengeschwülste folgt heute weitgehend den Richtlinien der WHO von 1972 (1 [vgl. auch: 38, 40, 43]).

Unser eigenes Material im bioptischen Einsendegut der Jahre 1978 bis 1986 umfaßt 63 maligne Tumoren, die auf der Grundlage der WHO-Klassifikation in Tabelle 1 zusammengefaßt sind.

Tabelle 1. Speicheldrüsen-Geschwülste

Pathologisches Institut der Universität Heidelberg
Biopsiematerial der Jahre 1978 bis 1986

1. Gutartige epitheliale Tumoren		210 (70,9%)
Pleomorphe Adenome	136	
Zystadenolymphome	58	
Sonstige monomorphe Adenome	16	
Speichelgangadenome		
Basalzelladenome		
Onkozytome		
2. Maligne epitheliale Tumoren		63 (21,3%)
Mukoepidermoidtumoren	9	
Azinuszelltumoren	4	
Karzinome	50	
Adenoidzystische Karzinome	21	
Adenokarzinome	7	
Plattenepithelkarzinome	3	
Karzinome in pleomorphen Adenomen	13	
Sonstige/seltene Karzinome[a]	6	
3. Mesenchymale Tumoren		23 (7,8%)

[a] Speichelgangkarzinome
hellzellige Karzinome
Talgdrüsenkarzinome

Pathologisches Institut (Direktor: Prof. Dr. H. F. Otto) der Universität Heidelberg, Im Neuenheimer Feld 220/221, D-6900 Heidelberg 1

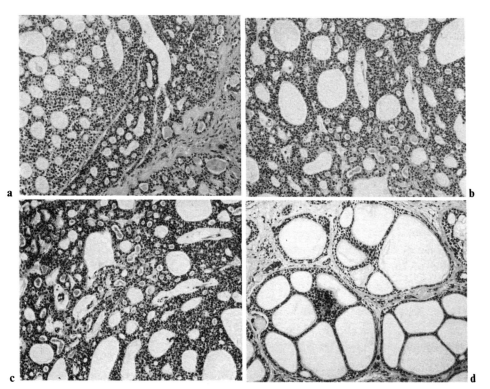

Abb. 1 a–d. Adenoidzystisches Karzinom, Glandula submandibularis. Die konventionelle Lichtmikroskopie erlaubt eine klare und eindeutige Diagnose dieses Tumors auch bezüglich der verschiedenen histologischen Typen, wie glandulär-kribriform, tubulär oder basaloid. Hämatoxylin-Eosin. Original × 10

Die Klassifikation der Speicheldrüsengeschwülste basiert auf einer subtilen histomorphologischen Analyse eines jeweiligen Tumorpräparates. Mit dieser (gleichsam konventionellen) Methode gelingt bei optimaler Gewebepräparation (Fixierung, Entwässerung des Gewebes, Schnittqualität, konventionell-lichtmikroskopische Färbepalette) im allgemeinen eine problemlose Klassifikation der meisten Tumorformen (Abb. 1).

Andererseits können maligne Geschwülste so proliferationsintensiv und damit so stark entdifferenziert sein, daß mit konventionellen histomorphologischen Methoden eindeutige Klassifikationen nicht mehr möglich sind. Für den Bereich der Speicheldrüsen sei paradigmatisch auf folgende Tumorentitäten verwiesen: „Embryonale Karzinome" [14], „maligne lymphoepitheliale Läsionen" [33, 48], „kleinzellige Karzinome" [18], „undifferenzierte Tumoren" [41].

In dieser Situation hat der immunmorphologische Nachweis sogenannter *Tumormarker* das methodische Repertoire der Pathologie und damit die diagnostische Effizienz wesentlich erweitert [12, 15, 23, 28, 29, 36, 39, 42]. Die Expression zellulärer Antigene nach (oder im Gefolge) neoplastischer Zelltransformationen ist die notwendige Voraussetzung für den Einsatz von Markersubstanzen in der histologischen/immunhistologischen Differentialdiagnose von Tumoren [34].

Eine für die Pathologie aktuelle Standortbestimmung zur wissenschaftlichen und diagnostischen Dimension der Immunmorphologie erfolgte 1986 anläßlich der 70. Jahrestagung der Deutschen Gesellschaft für Pathologie in Heidelberg[1].

Bezüglich der Speicheldrüsengeschwülste und ihrer immunzytochemischen Analyse möchten wir vor allem auf die umfangreichen Untersuchungen der Hamburger Arbeitsgruppe um Herrn Professor Seifert verweisen [5, 6, 7, 8, 9, 10, 35, 36].

Tumormarker

Tumormarker sind biochemisch und immunmorphologisch faßbare Makromoleküle (Hormone, Rezeptorproteine, zytoplasmatische und/oder membranassoziierte lösliche, funktionelle und strukturelle Antigene, Bestandteile der extrazellulären Matrix, infektiöse Agentien, Immunglobuline), die sowohl im Serum tumorkranker Patienten, als auch im Tumorgewebe selbst in einer gegenüber der Norm quantitativ signifikant veränderten Weise nachgewiesen werden können. Diese Definition beinhaltet, daß derartige makromolekulare Markersubstanzen auch normalerweise im Organismus vorkommen. Dies wiederum bedeutet, daß tumorspezifische Antigene (Makromoleküle) beim Menschen bislang nicht nachgewiesen wurden. Die heute bekannten „Tumorantigene" sind lediglich *tumorassoziiert*.

Bezüglich der Speicheldrüsen und ihrer gut- und bösartigen Tumorformen existieren inzwischen ausführliche und umfangreiche immunmorphologische Befunderhebungen [1, 2, 3, 4, 5, 6, 7, 8, 9, 10, 20, 31, 32, 35]. Mit Hilfe sogenannter funktioneller Marker (z. B. Amylase, Laktoferrin, Lysozym u. a. [s. u. a.: 5, 32]) und Markersubstanzen, die den Strukturproteinen zugeordnet werden, ist der tubuloazinäre Bau der Speicheldrüsen auch unter funktionellen Aspekten gut charakterisiert (Abb. 2).

Im Heidelberger Institut verwenden wir derzeit in der täglichen Diagnostik etwa 50 verschiedene und zumeist monoklonale zelltypspezifische Antikörper (Tabelle 2).

Von diesen Markersubstanzen erwarten wir unter zunächst rein diagnostischen Aspekten, daß sie zelltypspezifisch auch Tumorgewebe erkennen und damit eine histogenetische Tumorklassifikation überhaupt erst möglich machen. Eindrücklich läßt sich diese sozusagen diagnostische Dimension der Immunmorphologie an Zystadenolymphomen der Speicheldrüse demonstrieren (Abb. 3 u. 4, s. auch Seite 69-83 sowie [2]).

Unter dem Aspekt einer genetischen Instabilität von Tumorzellen und einer damit zusammenhängenden möglichen Heterogenität im Expressionsmuster antigener Substanzen (Antigenverlust-Neoexpression) ist die Analyse von solchen Markersubstanzen interessant, die selektiv einzelne Zellen und/oder Zellsysteme innerhalb eines größeren Tumorverbandes markieren. Derartige Analysen setzen

---

[1] Verh. Dtsch. Ges. Path. 70: 4-395. G. Fischer-Verlag, Stuttgart-New York 1986. Seifert G, Hübner K (ed) Pathology of cell receptors and tumor markers. G. Fischer, Stuttgart-New York 1987.

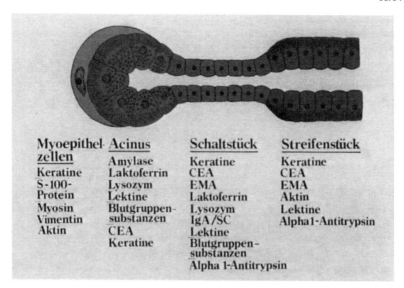

Abb. 2. Zelltypspezifische Markersubstanzen im normalen Speicheldrüsengewebe („sekretorische Einheit"). Zusammengestellt nach Angaben der Literatur [z. B.: 2, 5, 6, 7, 8, 9, 10, 40]

Tabelle 2. Zelltypspezifische Markergruppen für die histopathologische Diagnostik

1. Epitheliale Marker
   - Epithelspezifische Membranantigene: HEA125, HEA319, EMA
   - Onkofetale Antigene: CEA, AFP, POA
   - Zytokeratine, (TPA), Desmoplakine
2. Mesenchymale Marker
   - Vimentin
   - Desmin
   - Myoglobin, Myosin
3. Nervale/neuroektodermale Marker
   - Neurofilamentproteine
   - Saures Gliafaserprotein (GFAP)
   - Neuron-spezifische Enolase (NSE)
   - Synaptophysin
   - Chromogranin
4. Lymphozytäre Marker
   - leukocyte common antigen
   - B-Zell-spezifisch: Ig, HD39, HD37, B1, B4
   - T-Zell-spezifisch: OKT11, OKT3, OKT4, OKT8
5. Monozytäre/histiozytäre Marker
   - OKM1, Leu-M1, My7, My9, anti-DRC
   - Lysozym, α-1-AT

Literaturübersichten: [5, 12, 23, 28, 29, 36, 37, 39]

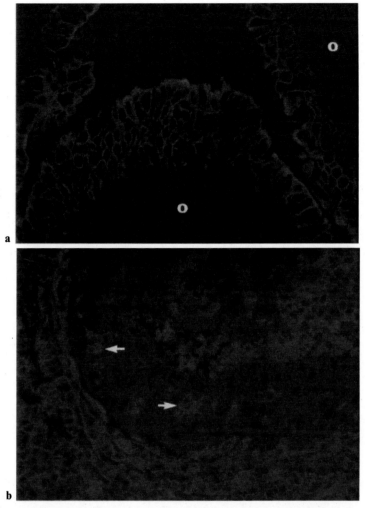

Abb. 3a, b. Papilläres Zystadenolymphom, Glandula submandibularis. **a** Expression von Zytokeratinfilamenten (PKK1), ausschließlich in der monomorph-onkozytären Epithelkomponente des Tumors. Das lymphoide Stroma (o) zeigt keinerlei Immunreaktivität. PKK1, FITC. Original × 40.
b Vimentin-Immunreaktivität des lymphoidzelligen Stromas. Innerhalb des onkozytären Epithelverbandes zeigen lediglich interepithelial liegende lymphoide Rundzellen (Pfeil) einen positiven Reaktionsausfall. Negativer Epithelbefund. Polyvalentes Vimentin-Antiserum, Texas-Red. Original × 40

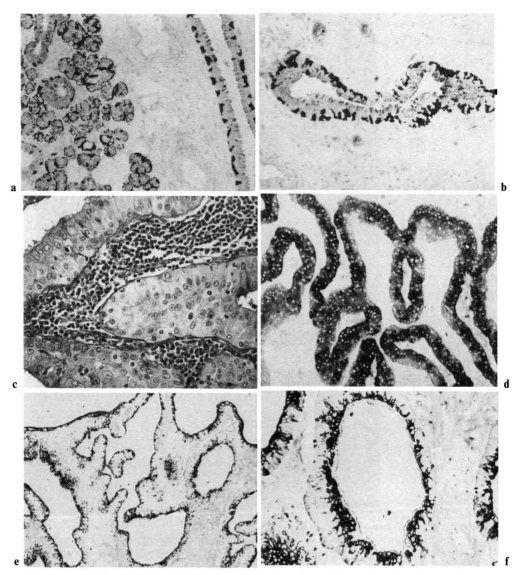

Abb. 4a-f. Glandula submandibularis (**a, b**) und papilläres Zystenadenolymphom (**c-f**).
a, b Der membranassoziierte, epitheliotrope Antikörper HEA319 „erkennt" in der normalen Glandula submandibularis duktale Basalzellen (**a, b**) und Myoepithelzellen (**a**) (vgl. [23, 28]).
4 μ dicke Gefrierschnitte, HEA319, PAP, AEC. Kerngegenfärbung mit Hämatoxylin. Original **a** × 10, **b** × 16.
c-f Papilläres Zystadenolymphom: **c** charakteristische onkozytäre Epithelformationen und lymphoidzelliges Stroma. Hämatoxylin-Eosion. Original × 25. **d** Darstellung mittels der PAP-Technik von HEA125. Der stabile Epithel-(Karzinom-)Marker wird, im Gegensatz zu HEA319 (**e-f**), auf allen onkozytären Tumorzellen exprimiert. Unmarkiertes lymphoidzelliges Stroma. **e-f** HEA319 „erkennt" auch in Zystadenolymphomen nur „Basalzellen" der onkozytären Tumorkomponente. Auch hier ein unmarkiertes Stroma. PAP, AEC. Original **d** × 10, **e** × 10, **f** × 16

Tabelle 3. Intermediärfilamentproteine

Typ	Protein	Mr[1]	Beispiele
Epithel	Zytokeratine, mehrere Polypeptide	45–60 KD[2]	Verhornendes und nicht-verhornendes Plattenepithel, Urothel, Zylinderepithel
Neuron	Neurofilamentproteine	68 KD 145 KD 220 KD	Neurone des zentralen und peripheren Nervensystemes
Muskel	Desmin („Skeletin")	53 KD	Quergestreifte und glatte Muskelfasern
Glia	Saures Gliafaserprotein (GFAP)	55 KD	Astrozyten Bergmann-Glia
Mesenchym	Vimentin	57 KD	Fibroblasten, Chondrozyten, Makrophagen, Endothelzellen u. a.

[1] Bandbreite der relativen Molekulargewichte in der SDS-Page.
[2] Kilodalton.

naturgemäß die Kenntnis ortholger Expressionsmuster in den jeweiligen Organen und/oder Organsystemen voraus.

Hinsichtlich einer solchen Fragestellung eignen sich die Zytokeratinpolypeptide besonders gut, weil sie eine komplexe und von mehreren Genen kodierte Proteinfamilie darstellen [24, 25]. Zytokeratine gehören zu den Intermediärfilamenten (Tabelle 3). Mit Hilfe der zweidimensionalen Gelelektrophorese konnten in menschlichen Epithelzellen bislang 19 verschiedene Zytokeratinpolypeptide identifiziert werden, die in eine basische (CK Nrs. 1–8) und saure (CK Nrs. 9–19) Subfamilie unterteilt werden [23, 24, 25]. Die Zytokeratinpolypeptide werden stets paarweise gebildet, wobei jeweils zwei Moleküle der basischen und sauren Subfamilie als sogenanntes Heterotetramer die Grundeinheit eines Zytokeratinfilamentes bilden. Die Expression der Zytokeratine erfolgt differenzierungsspezifisch in Korrelation zu verschiedenen Epitheltypen. Diesbezüglich kann man plattenepithel- und zylinderepitheltypische Zytokeratine und komplexe Keratinmuster unterscheiden.

Material, Methode

Unser Beitrag zur Immunhistologie maligner Speicheldrüsentumoren versucht in erster Linie eine Analyse der Expressionsmuster der verschiedenen Zytokeratinpolypeptide. Das uns zur Verfügung stehende Material ist in Tabelle 1 aufgelistet. Die immunzytochemischen Untersuchungen zur Expression der Zytoskelettproteine (s. u.) wurden teils an Formalin- und Bouin-fixierten und in Paraplast eingebetteten, teils an tiefgefrorenen (N_2) Tumorpräparaten durchgeführt (Einzelheiten zur Methodik [2, 34]). Für die (konventionelle) Lichtmikroskopie standen routinemäßig folgende Färbungen zur Verfügung: Hämatoxylin-Eosin, PAS, PAS-Alcianblau, Masson-Goldner und/oder Ladewig.

Für die immunzytochemische Analyse der Zytokeratinpolypeptide wurden folgende Antikörper benutzt:

1. Breitreagierende monoklonale Zytokeratinantikörper

a) *AE1-AE3* (Hybritec, San Diego, Kalifornien/USA): Mischung zweier monoklonaler Antikörper (Maus) der Klasse IgG1 gegen menschliche epidermale Keratine (AE1:AE3 = 20:1). Der Antikörper reagiert mit Zellen der Epidermis und sämtlichen (anderen) Epithelien und erkennt im Immunblot Zytokeratinpolypeptide mit einem Molekulargewicht von 50 und 56,5 KD (AE1) sowie 58 und 65-67 KD (AE3) [47].

b) *KL1* (Dianova, Hamburg): Monoklonaler Antikörper (Maus, IgG1). Menschliche epidermale Keratine wurden als Immunogene verwandt. Der Antikörper erkennt im Immunblot menschliche Zytokeratine mit einem Molekulargewicht von 56 KD [46].

c) *PKK1* (Lab. Systems OY, Helsinki, Finnland): Monoklonaler Antikörper (Maus). Nierenepithelzell-Linie LLC-PK als Immunogen. Der Antikörper reagiert im Immunblot mit sämtlichen Zytokeratinpolypeptiden verschiedener epithelialer Kulturzellinien, wie LLC-PK, MDCK, HeLa und A431-Zellen [19].

2. Monoklonale Antikörper gegen selektive Zytokeratinpolypeptide, wobei die Numerierung der einzelnen Zytokeratine anhand des 1982 von Moll [26] erstellten Kataloges der menschlichen Zytokeratine erfolgte:

a) Monoklonaler Antikörper gegen Cytokeratinpolypeptid Nr.7: Klon CK7 aus Maus (Amersham-Buchler, Braunschweig): Blasencarcinomzellinie RT112 als Immunogen. Der Antikörper reagiert mit Drüsenepithel und im zweidimensionalen Immunblot mit Cytokeratinpolypeptid Nr.7 [45].

b) Monoklonaler Antikörper gegen Cytokeratinpolypeptid Nr.8: Klon LE41 aus Maus (IgG1; Amersham-Buchler, Braunschweig): Nierenepithelzell-Linie PtK1 als Immunogen. Der Antikörper reagiert mit einfachem Epithel von Mensch, Affe und anderen Säugetierspecies und mit Cytokeratinpolypeptid Nr.8 im zweidimensionalen Immunblot [22].

c) Monoklonaler Antikörper gegen Cytokeratinpolypeptid Nr.18: Klon CK2 (IgG2a; Boehringer, Mannheim): Zytoskelettpräparationen von HeLa-Zellen als Immunogen. Der Antikörper reagiert mit einfachem Epithel von Mensch und einer Reihe anderer Species und im zweidimensionalen Immunblot mit Cytokeratinpolypeptid Nr.18 [13].

d) Monoklonaler Antikörper gegen Cytokeratinpolypeptid Nr.19: Klon A53-B/A2 (IgG2a): Menschliche Karzinomzell-Linie MCF-7 als Immunogen. Der Antikörper reagiert immunzytochemisch mit verschiedenen epithelialen Zellen und Tumoren und im Immunblot mit Cytokeratinpolypeptid Nr.19. Der Antikörper wurde uns freundlicherweise von Herrn Dr. Karsten, Berlin, und Herrn Dr. Kasper, Görlitz, überlassen.

e) Monoklonaler Antikörper gegen Cytokeratinpolypeptide Nrs. 13 und 16: Klon KS8.58. Der Antikörper wurde uns freundlicherweise überlassen von Herrn Dr. Geiger, Rehovot, Israel [16, 17].

3. Darüber hinaus wurden alle Tumorpräparate bezüglich der Desmoplakin- und Vimentin-Expression untersucht (vgl. auch [2, 34]).

4. Außerdem wurde das Expressionsmuster verschiedener epitheliotroper Antikörper (HEA125, HEA319) an bestimmten Tumorpräparaten analysiert. Diese Antikörper sind ausführlich von Möller et al. [23] und Momburg et al. [28] beschrieben worden.

Zur immunhistologischen Charakterisierung maligner Speicheldrüsentumoren

Die Expressionsmuster der Zytokeratinpolypeptide, der membranassoziierten epitheliotropen Antikörper und diejenigen von Desmoplakin und Vimentin im normalen Speicheldrüsengewebe sind in Abbildung 5 zusammenfassend dargestellt (s. auch Seite 69-83, sowie [2]).

Unsere immunzytochemischen Ergebnisse bezüglich der malignen Speicheldrüsentumoren sind in Tabelle 4 und in den Abbildungen 6-8 zusammengefaßt. Die aus der Literatur [6, 7, 10] bekannten Doppelexpression von Zytokeratinpolypeptiden und Vimentin in adenoidzystischen Karzinomen konnte auch am eigenen Material bestätigt werden. Dabei fanden wir eine vergleichsweise regelmäßige

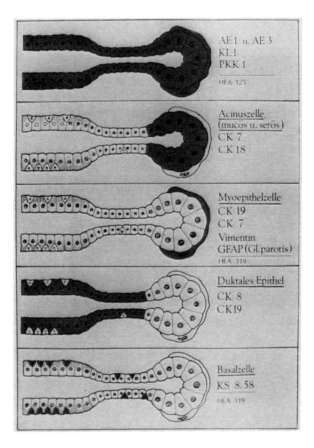

Abb. 5. Intermediärfilamentproteine und HEA-Expressionen in der normalen menschlichen Speicheldrüse. Synoptische Zusammenfassung der Expressionsmuster der einzelnen Zelltypen in der sogenannten „sekretorischen Einheit". GFAP markiert nur in der Glandula parotis, nicht aber in den anderen Speicheldrüsen, Myoepithelzellen (vgl. auch Seite 77 und [2])

Tabelle 4. Immunmorphologische Charakterisierung maligner Speicheldrüsengeschwülste. Synoptische Zusammenfassung der im Rahmen dieses Referates vorgetragenen Befunde.

MAK (Klon)	Tumor-Entitäten			
	Plattenepithel-Karzinome	Mukoepidermoid-tumoren	adenoidzystische Karzinome	Azinuszell-tumoren
AE1/AE3 [47]	+ + +	+ + +	+ + +	+ +
KL1 [46]	+ + +	+ + +	+ + +	+ +
PKK1 [19]	+ +	+ + +	+ +	+ + +
CK7 [45]	−	+ +	+	+ + +
LE41 [22]	−	−	−	+ +
CK2 [13]	+	+ +	+ +	+ + +
A53-B/A2 [21]	+	+ + +	+ + +	+
KS8.58 [16]	+	+ +	+ +	+ + +
Desmopl. [11, 17] (DP1&2-2.15)	+ + +	+ + +	+ +	+ + +
Vimentin (V9) [48]	−	−	+ + +	+ +
HEA125 [23, 28]	+ + +	+ + +	+ + +	+ + +
HEA319 [23, 28]	(+)	(+)	+	+

MAK = Monoklonale Antikörper (vgl. auch Tabelle 2)
− → + + + bezeichnen den Versuch einer semiquantitativen Auswertung der jeweiligen Immunreaktivität.

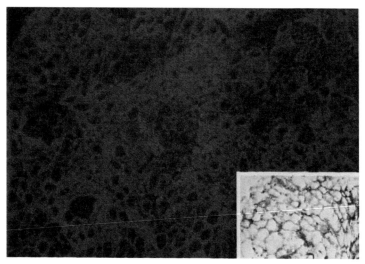

Abb. 6. Plattenepithelkarzinom, Glandula parotis. Breitreagierender Cytokeratinantikörper (PKK1) markiert alle epithelialen Tumorzellen. PKK1, Texas-Red. Original × 12,5. *Inset:* Desmoplakin-Immunreaktivität. Feingranulärer Reaktionsausfall im Bereich der Zellmembranen. Bezüglich der Desmoplakine als Markersubstanzen epithelialer Tumorzellen sei auf [27] verwiesen. Biotin-Streptavidin, AEC. Original × 12,5

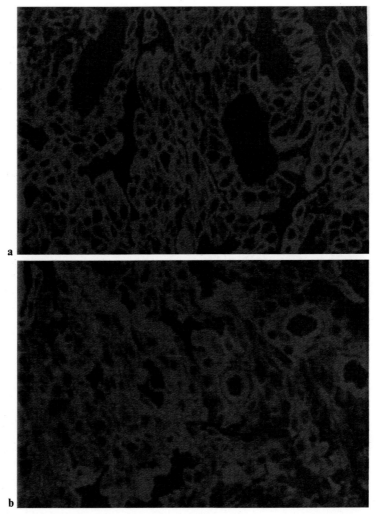

Abb. 7a, b. Azinuszelltumor, Glandula parotis. Doppelexpression von **(a)** Zytokeratinpolypeptiden [monoklonaler Antikörper gegen Cytokeratinpolypeptid Nr. 19 (A53-B/A2)] und **(b)** Vimentin. 4 µ dicke Gefrierschnitte, Texas-Red. Original × 25

und konstant auftretende positive Immunreaktivität der zylinderepitheltypischen Cytokeratinpolypeptide 18 und 19.

In unseren Untersuchungen konnten wir zudem eine Doppelexpression von Zytokeratinpolypeptiden und Vimentin auch für Azinuszelltumoren beobachten, wobei vor allem die Cytokeratinpolypeptide 7, 18 und 19 [neben KL1 (CK10, 11, 12)] regelmäßig exprimiert wurden.

Die negativen oder weitgehend negativen Reaktionsausfälle mit anti-Cytokeratin 8 (LE41) sind im wesentlichen wohl auf den Antikörper selbst zurückzuführen.

Die systematische Analyse der von uns untersuchten 8 Antikörper gegen Zytokeratinpolypeptide hat für alle Tumorgruppen eine durchweg heterogene Vertei-

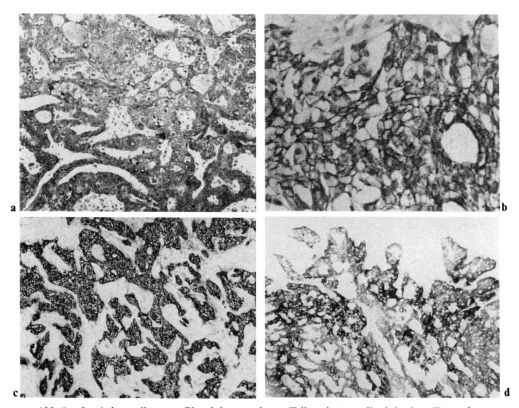

Abb. 8 a-d. Azinuszelltumor, Glandula parotis. **a** Teils azinäre, teils duktuläre Tumorformationen. Hämatoxylin-Eosin. Original × 10. **b** Immunperoxidasereaktion mit HEA125. Positiver Reaktionsausfall für praktisch alle (epithelialen) Tumorzellen. PAP, AEC. Original × 10. **d** Immunperoxidasereaktion mit HEA319. Positiver, allerdings inkompletter Reaktionsausfall (heterogenes Expressionsmuster. PAP, AEC. Original × 10. **c** Positiver Reaktionsausfall eines monoklonalen Antikörpers gegen Zytokeratinpolypeptid Nr. 7 (Klon CK7). Biotin-Streptavidin, AEC. Original × 10

lung gebracht, so daß Tumor-„typische" Expressionsmuster nicht erarbeitet werden konnten. Dies gilt insbesondere auch für die verschiedenen Typen (glandulärkribriform, tubulär, basaloid) der adenoidzystischen Karzinome, so daß u. M. n. im Augenblick noch keine eindeutigen, immuncytochemisch definierten Kriterien in der Differentialdiagnose des gelegentlich schwer abgrenzbaren pleomorphen Adenomes vorliegen (zur Histogenese beider Tumorformen sei auch auf die grundlegenden Untersuchungen von Caselitz [5, 7, 10] verwiesen).

Schluß

Immunmorphologische Methoden haben das methodisch/diagnostische Repertoire in der Pathologie wesentlich erweitert und für viele Tumorformen eine grundsätzlich neue diagnostische Dimension geschaffen [37]. Die Interpretation immuncytochemischer Befunde kann u. M. n. aber nur vor dem Hintergrund einer subtil erarbeiteten (konventionellen) Lichtmikroskopie erfolgen.

Fraglos steht die Immunmorphologie erst am Anfang einer Entwicklung, deren prospektive Potenzen derzeit weder in praktisch-diagnostischer noch in wissenschaftlicher Hinsicht kalkuliert werden können. Gelegentlich werden die diagnostischen Möglichkeiten, einigermaßen unreflektiert, überschätzt und die Methoden in der praktischen Handhabung und in der Befundinterpretation grundsätzlich unterschätzt.

Immunzytochemische Methoden sind keine routinediagnostischen Methoden. Unkritisch angewandt, bergen sie eine Fülle von Problemen. Gleichwohl ist der Einsatz immunzytochemischer Methoden in der Differentialdiagnose und damit in der histogenetischen Zuordnung von Tumoren im Einzelfall zwingend notwendig. Dabei spielen innerhalb des heute zur Verfügung stehenden Spektrums an Markersubstanzen die Intermediärfilamentproteine für ausgewählte differentialdiagnostische Fragestellungen (Unterscheidung von Karzinomen, myogenen versus nichtmyogenen Sarkomen, Gliomen, neuronalen bzw. neuroektodermalen Tumoren) eine herausragende Rolle [z. B. 24, 25, 26, 27, 29, 34]. Aber auch in dieser Markergruppe können Probleme der Befundinterpretation auftreten, vor allem dann, wenn in der Diagnostik Markersubstanzen singulär und allzu selektiv angewandt werden (Problem: Doppel- gegebenenfalls auch Mehrfachexpressionen von Intermediärfilamentproteinen). In diesem Zusammenhang sollte vor allem auf die relative Unspezifität von Vimentin hingewiesen werden, das in zunehmendem Maße auch in epithelialen Tumoren, gemeinsam mit Zytokeratinpolypeptiden, exprimiert wird. Außerdem muß betont werden, daß innerhalb gut- und bösartiger epithelialer Tumoren der Nachweis selektiver Zytokeratinpolypeptide derzeit noch keine zuverlässige Unterscheidung einzelner Tumorformen zuläßt.

Bezüglich der bösartigen Speicheldrüsengeschwülste bleibt festzuhalten, daß der Anwendungsbereich der Immunmorphologie nicht so sehr in der Diagnostik (von Einzelfällen abgesehen), sondern vor allem in der Bearbeitung wissenschaftlicher Probleme (z. B. Tumorhistogenese) liegt.

Literatur

1. Balogh K, Wolbarsht RL, Federman M, O'Hara CJ (1985) Carcinoma of the parotid gland with osteoclastlike giant cells. Arch Pathol Lab Med 109: 756-761
2. Born IA, Schwechheimer K, Maier H, Otto HF (1987) Cytokeratin expression in normal salivary glands and in cystadenolymphomas demonstrated by monoclonal antibodies against selective cytokeratin polypeptides. Virchows Arch A 411: 583-589
3. Caselitz J (1987) Basal membrane antigens as tumor markers. In: Seifert G (ed) Morphological tumor markers. General aspects and diagnostic relevance, pp 223-243. Springer-Verlag, Berlin-Heidelberg-New York-London-Paris-Tokyo
4. Caselitz J (1987) Lectins and blood group substances as 'tumor markers'. In: Seifert G (ed) Morphological tumor markes. General aspects and diagnostic relevance, pp 245-247. Springer-Verlag, Berlin-Heidelberg-New York-London-Paris-Tokyo
5. Caselitz JH (1987) Das pleomorphe Adenom der Speicheldrüsen. In: Dhom G, Eder M, Fischer R, Holzner H, Lennert K, Seifert H, Thoenes W (Hrsg) Veröffentlichungen aus der Pathologie, Bd. 126. Gustav Fischer-Verlag, Stuttgart-New York
6. Caselitz J, Seifert G (1987) New developments in tumor markers and receptors in head

and neck tumors. In: Cimino F, Birkmayer GD, Klavins JV, Pimentel E, Salvatore F (eds) Human tumor markers. Biology and clinical applications, pp 731-753. Walter de Gruyter, Berlin-New York
7. Caselitz J, Becker J, Seifert G, Weber K, Osborn M (1984) Coexpression of keratin and vimentin filaments in adenoid cystic carcinomas of salivary glands. Virchows Arch (Pathol Anat) 403: 337-344
8. Caselitz J, Seifert G, Jaup T (1982) Tumor antigens in neoplasms of the human parotid gland. Oral Pathology 11: 374-386
9. Caselitz J, Osborn M, Seifert G, Weber K (1981) Intermediate-sized proteins (prekeratin, vimentin, desmin) in the normal parotid gland and parotid gland tumors. Virchows Arch A (Path Anat) 393: 273-286
10. Caselitz J, Osborn M, Hamper K, Wustrow J, Rauchfuß A, Weber K (1986) Pleomorphic adenomas, adenoid cystic carcinomas and adenolymphomas of salivary glands analysed by a monoclonal antibody against myoepithelial/basal cells. An immunohistochemical study. Virchows Arch (Pathol Anat) 409: 805-816
11. Cowin P, Kapprell H-P, Franke WW (1985) The complement of desmosomal plaque proteins in different cell types. J Cell Biol 101: 1442-1454
12. Damjanov I, Knowles BB (1983) Biology of disease. Monoclonal antibodies and tumor-associated antigens. Lab Invest 48, 5: 510-525
13. Debus E, Weber K, Osborn M (1982) Monoclonal cytokeratin antibodies that distinguish simple from stratified squamous epithielia: characterization on human tissues. EMBO J 1: 1641-1647
14. Donath K, Seifert G, Lentrodt J (1984) The embryonal carcinoma of the parotid gland. A rare example of an embryonal tumor. Virchows Arch (Pathol Anat) 403: 425-440
15. Erlandson RA (1984) Diagnostic immunohistochemistry of human tumors. An interim evaluation. Am J Surg Path 8: 615-624
16. Geiger S, Geiger B, Leitner O, Marshak G (1987) Cytokeratin polypeptides expression in different epithelial elements of human salivary glands. Virchows Arch A 410: 403-414
17. Gigi O, Geiger B, Eshar Z, Moll R, Schmid E, Winter S, Schiller DL, Franke WW (1982) Detection of a cytokeratin determinant common to diverse epithelial cells by a broadly cross-reacting monoclonal antibody. EMBO J 1: 1429-1437
18. Gnepp DR, Corio RL, Brannon RB (1986) Small cell carcinoma of the major salivary glands. Cancer 58: 705-714
19. Holthöfer H, Miettinen A, Paasivuo K, Lehto V-P, Linder E, Alfthan O, Virtanen I (1983) Cellular origin and differentiation of renal carcinomas. A fluorescence microscopic study with kidney-specific antibodies, antiintermediate filament antibodies, and lectins. Lab Invest 49: 317-326
20. Kahn HJ, Baumal R, Marks A, Dardick I, van Nostrand AWP (1985) Myoepithelial cells in salivary gland tumors. Arch Pathol Lab Med 109: 190-195
21. Karsten U, Papsdorf G, Roloff G, Stolley P, Abel H, Walther I, Weiss H (1985) Monoclonal anti-cytokeratin antibody from a hybridoma clone generated by electrofusion. Eur J Cancer Clin Oncol 21: 733-740
22. Lane EB (1982) Monoclonal antibodies provide specific intramolecular markers for the study of epithelial tonofilament organization. J Cell Biol 92: 665-673
23. Möller P, Momburg F, Moldenhauer G (1986) Epitheliale Membranmarker. Bestandsaufnahme, einige monoklonale Antikörper und aktuelle Möglichkeiten der Anwendung in der Histopathologie. Verh Dtsch Ges Path 70: 116-126
24. Moll R (1986) Epitheliale Tumormarker. Verh Dtsch Ges Path 70: 28-50
25. Moll R (1987) Epithelial tumor markers: cytokeratins and tissue polypeptide antigen (TPA). In: Seifert G (ed) Morphological tumor markers. General aspects and diagnostic relevance, pp 71-101. Springer-Verlag, Berlin-Heidelberg-New York-London-Paris-Tokyo
26. Moll R, Franke WW, Schiller DL, Geiger B, Krepler R (1982) The catalog of human

cytokeratins: patterns of expression in normal epithelia, tumors and cultured cells. Cell 31: 11-24
27. Moll R, Cowin P, Kapprell H-P, Franke WW (1986) Biology of disease. Desmosomal proteins: new markers for identification and classification of tumors. Lab Invest 54 (1): 4-25
28. Momburg F, Moldenhauer G, Hämmerling GJ, Möller P (1987) Immunhistochemical study of the expression of a Mr 34,000 human epithelium-specific surface glycoprotein in normal and malignant tissues. Cancer 47: 2883-2891
29. Osborn M, Weber K (1983) Biology of disease. Tumor diagnosis by intermediate filament typing: a novel tool for surgical pathology. Lab Invest 48, 4: 372-394
30. Osborn M, Debus E, Webner K (1984) Monoclonal antibodies specific for vimentin. Eur J Cell Biol 34: 137-143
31. Regezi JA, Lloyd RV, Zarbo RJ, McClatchey KD (1985) Minor salivary gland tumors. A histologic and immunohistochemical study. Cancer 55: 108-115
32. Rognum TO, Thrane PS, Korsrud FR, Brandtzaeg P (1987) Epithelial tumor markes: special markers of glandular differentiation. In: Seifert G (ed) Morphological tumor markers. General aspects and diagnostic relevance, pp 133-153. Springer-Verlag, Berlin-Heidelberg-New York-London-Paris-Tokyo
33. Saw D, Lau WH, Ho JHC, Chan JKC (1986) Malignant lymphoepithelial lesion of the salivary gland. Hum Pathol 17: 914-923
34. Schwechheimer K (1987) Immuncytochemische Untersuchungen an Tumoren des zentralen, peripheren und autonomen Nervensystems. Habilitationsschrift, Universität Heidelberg
35. Seifert G (1982) Der Einsatz von Tumormarkern bei der Diagnostik von Speicheldrüsentumoren. Wien klin Wschr 94 (14): 372-375
36. Seifert G (1985) The importance of tumor markers in oral pathology. II. Cell membrane and cytoplasmic antigens as tumour markers. Path Res Pract 179: 625-628
37. Seifert G (Hrsg) (1987) Morphological tumor markers. Springer-Verlag, Berlin-Heidelberg-New York-London-Paris-Tokyo
38. Seifert G, Donath K (1976) Die Morphologie der Speicheldrüsenerkrankungen. Arch Oto-Rhino-Laryng 213: 111-208
39. Seifert D, Denk H, Klein PJ, Stein H, Otto HF (1984) Die Anwendung der Immunzytochemie in der praktischen Diagnostik des Pathologen. Pathologe 5: 187-199
40. Seifert G, Miehlke A, Haubrich J, Chilla R (Hrsg) (1984) Speicheldrüsenkrankheiten. Georg Thieme-Verlag, Stuttgart-New York
41. Takata T, Caselitz J, Seifert G (1987) Undifferentiated tumours of salivary glands. Immunocytochemical investigations and differential diagnosis of 22 cases. Path Res Pract 182: 161-168
42. Taylor CR (1985) Monoclonal antibodies and 'routine' paraffin sections. Arch Pathol Lab Med 109: 115-122
43. Thackray AC, Lucas RB (1974) Tumors of the major salivary glands. Atlas of tumor pathology, second series, fascicle 10. Armed Forces Institute of Pathology, Washington
44. Thackray AC, Sobin LH (1972) Histological typing of salivary gland tumours. WHO, Genf
45. Tölle H-G, Weber K, Osborn M (1985) Microinjection of monoclonal antibodies specific for one intermediate filament in cells containing multiple keratins allow insight into the composition of particular 10 nm filaments. Eur J Cell Biol 38 234-244
46. Viac J, Reano A, Brochier J, Staquet M-J, Thivolet J (1983) Reactivity pattern of a monoclonal antikeratin antibody (KL1). J Invest Dermatol 81: 351-354
47. Woodcock-Mitchell J, Eichner R, Nelson WG, Sun-T-T (1982) Immunolocalization of keratin polypeptides in human epidermis using monoclonal antibodies. J Cell Biol 95: 580-588
48. Yazdi HM, Hogg GR (1984) Malignant lymphoepithelial lesion of the submandibular salivary gland. Am J Clin Pathol 82: 344-348

Zur Histogenese der Zystadenolymphome

I. A. Born[1], K. Schwechheimer[1], H. Maier[2] und H. F. Otto[1]

Zystadenolymphome machen ca. 15% aller epithelialen Speicheldrüsentumoren und über 70% der monomorphen Adenome aus [34]. Vorzugslokalisation dieser Tumoren ist die Glandula parotis. Zystadenolymphome sind durchschnittlich walnußgroß und von einer bindegewebigen Kapsel umgeben (Abb. 1a). Auf der Schnittfläche erkennt man in diesen Tumoren unterschiedlich große Zysten, die mit einem dickflüssigen Sekret angefüllt sind. Der solide Tumoranteil ist überwiegend papillär gestaltet und von grauglänzender Farbe und weicher Konsistenz (Abb. 1a, b). Die feingewebliche Untersuchung zeigt den typischen Aufbau aus einer epithelialen und einer lymphoiden Komponente (Abb. 1c). Der epitheliale Anteil ist überwiegend papillär aufgebaut und neigt zur Bildung unterschiedlich großer zystischer Hohlräume, die von einem PAS-positiven Sekret angefüllt sind. Das Zylinderepithel des epithelialen Kompartimentes ist zwei- oder mehrreihig angeordnet und überwiegend onkozytär differenziert (Abb. 1c, d). Es sitzt einer Basalmembran auf. Zwischen den onkozytär differenzierten Zylinderepithelien der untersten Zellage liegen in unregelmäßigen Abständen kleinere dreiecksförmige Zellen mit hellem Zytoplasma, sog. Basalzellen (Abb. 1d).

Die lymphoide Komponente ist Bestandteil des Tumors. Sie kann zahlreiche Lymphfollikel bilden und entspricht in ihrer zellulären Zusammensetzung der eines Lymphknotens. Immunzytochemische Untersuchungen mit monoklonalen Antikörpern gegen Lymphozytensubpopulationen haben das bestätigt [10].

Albrecht und Arzt [2] haben Zystadenlymphome zum ersten Mal als Tumoren der Speicheldrüse abgegrenzt. Die erste genaue feingewebliche Beschreibung stammt von Warthin [38].

Die Histogenese der Speicheldrüsentumoren wird kontrovers diskutiert. Dem terminalen Speichelgangsystem, insbesondere der Indifferenzzone zwischen Schaltstücken und Drüsenazini, wird eine entscheidende Rolle zugeschrieben [34]. Die noch heute gültigen Theorien zur *Histogenese der Zystadenolymphome* wurden von Thompson und Bryant [36] formuliert:

1. Das Zystadendolymphom entsteht aus Speicheldrüsengewebe, welches in ortsständiges lymphatisches Gewebe eingeschlossen ist, oder
2. es besteht aus neoplastischen Proliferaten von Speicheldrüsengängen mit reaktiver Hyperplasie des periduktalen lymphatischen Gewebes.

---

[1] Pathologisches Institut der Universität, Im Neuenheimer Feld 220/221, D-6900 Heidelberg 1
[2] Kopfklinikum, Universitäts-HNO-Klinik, Im Neuenheimer Feld 400, D-6900 Heidelberg

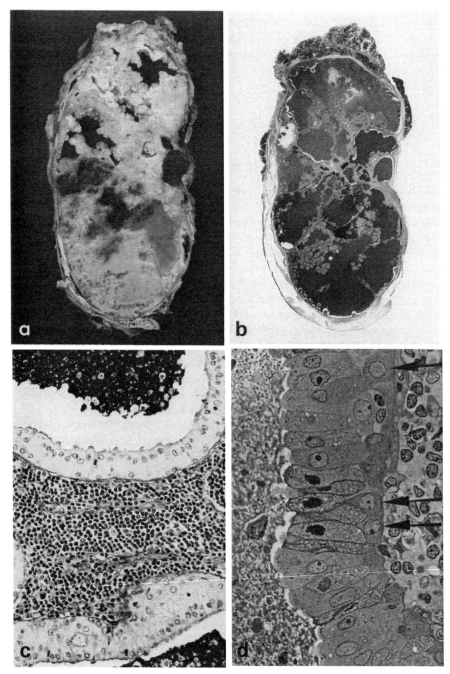

Abb. 1 a–d. Makromorphologischer Aspekt und feingewebliches Bild eines Zystadenolymphomes. **a** Walnußgroßer Tumor mit bindegewebiger Kapsel. **a, b** Auf der Schnittfläche solide-papilläre, grauglasige Anteile und zahlreiche kolloidgefüllte Zysten. **c** Typischer feingeweblicher Aufbau mit epithelialem Tumoranteil aus zwei- bis mehrreihigem Zylinderepithel und lymphoidem Stroma. **d** Onkozytär differenziertes Zylinderepithel mit diskontinuierlich angeordneten Basalzellen *(Pfeile).* **b** holoptischer Querschnitt, PAS-Reaktion; c Paraffinschnitt, HE, Original × 25; **d** Semidünnschnitt, Toluidinblau, Original × 63

Zur Histogenese der Zystadenolymphome

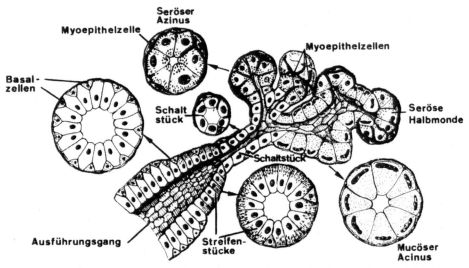

Abb. 2. Schematische Zeichnung der „Sekretorischen Einheit" der Kopfspeicheldrüse (Modifiziert nach Zimmermann [40])

In den letzten Jahren wird die Ableitung der Zystadenolymphome aus ektopischen Speicheldrüsengängen in intra- und periglandulären Lymphknoten bevorzugt [3, 20].

Die histo- oder zytogenetische Zuordnung eines Speicheldrüsentumors erfolgt durch den morphologischen Vergleich zwischen dem Tumor und seinem Ausgangsgewebe, d.h. der Speicheldrüse. Die histologische bzw. funktionelle Grundeinheit einer Speicheldrüse bildet die „sekretorische Einheit" (Übersicht bei Seifert et al. [34]; Abb. 2), die sich morphologisch in Azini und Gangsystem gliedert. Innerhalb der Azini einer rein serösen Speicheldrüse wie der Glandula parotis findet man seröse Epithelzellen und in seromukösen Speicheldrüsen wie Glandula submandibularis und Glandula sublingualis außerdem muköse Drüsenkomplexe (Abb. 2). An der Basis dieser serösen und mukösen Azinuszellen liegen auf der Basalmembran diskontinuierlich verteilte schlanke Zellen mit zahlreichen Zytoplasmafortsätzen, die die Azinuszellen manchmal geflechtartig umgeben (Myoepithelien, Korbzellen oder „basket cells"; Abb. 2).

Das Gangsystem (Schalt- und Streifenstück, Ausführungsgang) besteht aus zylindrischen oder prismatischen, ein- oder mehrreihig angeordneten Epithelzellen; zwischen diesen finden sich an der Basis von distalen Schaltstücken, Streifenstücken und Ausführungsgängen die sogenannten Basalzellen, Ersatzzellen oder indifferente Zellen (Abb. 2). Sie gelten als pluripotente Reservezellen des Gangepithels [13].

Das ortsständige lymphatische Gewebe der großen Kopfspeicheldrüsen zeigt unterschiedliche morphologische Aspekte, nämlich eine periduktale Anhäufung von lymphatischem Gewebe (Abb. 3a), intraglanduläre Lymphknoten ohne vollständige Kapselbegrenzung und fließendem Übergang in Drüsengewebe (Abb. 3b), intra- und interlobuläre sowie periglanduläre, kapselbegrenzte

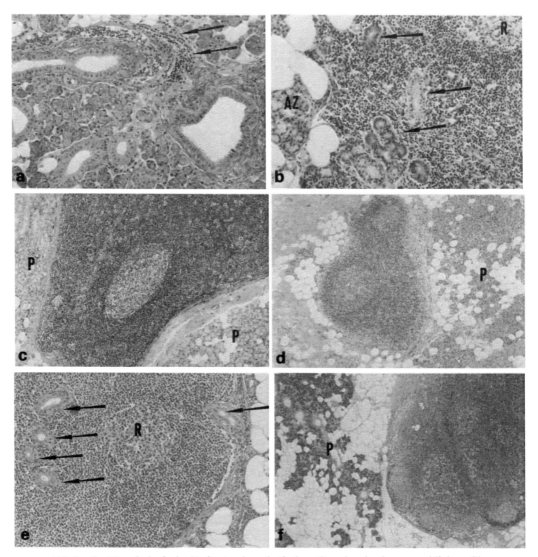

Abb. 3a-f. Morphologische Varianten lymphatischen Gewebes in der menschlichen Glandula parotis. **a** Periduktale Anhäufung von lymphatischem Gewebe *(Pfeile)*. Ladewig, Original × 20. **b** intraglanduläre Lymphknoten ohne komplette Kapsel mit direkter Beziehung zwischen lymphatischem Gewebe und Drüsenparenchym. *R* Reaktionszentrum; *Az* Azinuszellen; *Pfeile* eingeschlossene Streifenstücke und Ausführungsgänge. Giemsa, Original × 20. **c** intraglandulärer Lymphknoten mit deutlicher Kapselbildung. *P* Drüsenparenchym. Giemsa, Original × 10. **d** interlobulärer Lymphknoten. *P* Drüsenparenchym. HE, Original × 4. **e** interlobulärer Lymphknoten mit Speicheldrüsenparenchymeinschlüssen. *R* Reaktionszentrum; *Pfeile* markieren Streifenstücke und Ausführungsgänge. HE, Original × 20. **f** periglandulärer Lymphknoten. *P* Drüsenparenchym. HE, Original × 4

Lymphknoten mit oder ohne Speicheldrüsengangeinschlüsse (Abb. 3 c–f). In der Glandula parotis kommen alle oben beschriebenen Formen des lymphatischen Gewebes vor. Dies ist entwicklungsgeschichtlich erklärbar. Nachweislich findet sich in den ersten Stadien der Entwicklung der Glandula parotis ein Aussprossen des primitiven Drüsengewebes in ein lymphozytenreiches Mesenchym der Wangenregion ohne eindeutige Kapselbildung. Die Glandula submandibularis dagegen zeigt fast ausschließlich die periduktale Form des lymphatischen Gewebes und sehr selten intraglanduläre Lymphknoten, weil sie phylogenetisch als eine kapselbildende Einheit zwischen der Muskelfaszie angelegt wird [4, 33].

Neben rein lichtmikroskopischen und ultrastrukturellen Verfahren bieten moderne Methoden der Immunzytochemie die Gelegenheit, mit sog. Marker-Substanzen, d. h. mit Antikörpern gegen zelluläre Polypeptide (Antigene), einzelne Zelltypen auf molekularer Basis zu charakterisieren. Auf die Möglichkeiten immunmorphologischer Methoden unter Einsatz eines breitgefächerten Markerspektrums zur Charakterisierung der Speicheldrüsen und ihrer Tumoren wurde wiederholt hingewiesen [7, 8, 9, 22, 31, 32]. Eine besondere Bedeutung kommt dabei dem Zytoskelett zu.

Unter „Zytoskelett" versteht man eine Gruppe von Strukturproteinen, unter denen die sog. Intermediärfilamente für die Unterscheidung einzelner Zelltypen hervorragend geeignet sind und deshalb in der Morphologie und Pathologie ein wachsendes Interesse fanden [28]. Intermediärfilamente sind 7–11 nm große, unverzweigte intrazytoplasmatische Filamente, die sich aufgrund unterschiedlicher Antigenität in 5 gewebetypische Klassen unterteilen lassen (Tabelle 1; [28]). Zytokeratine, die epithelialen Intermediärfilamente, bilden eine sehr komplexe Polypeptidfamilie. Mit Hilfe der zweidimensionalen Gelelektrophorese konnten aus Zytoskelettpräparationen menschlicher Gewebe bislang 19, nach Molekulargewichten und isoelektrischen Punkten getrennte Zytokeratinpolypeptide identifiziert werden („Katalog der menschlichen Zytokeratine", Moll et al. 1982 [26]).

Es ist nun von entscheidender Bedeutung, daß
1. Zytokeratinpolypeptide in epithelialen Zellen differenzierungsspezifisch exprimiert werden, wodurch einzelne Epitheltypen charakterisiert werden können und

Tabelle 1. Intermediärfilamentproteine (Modifiziert nach Osborn et al. [28])

Typ	Protein	M_r^1	Beispiele
Epithel	Zytokeratine, mehrere Polypeptide	45–60KD	verhornendes und nichtverhornendes Epithel
Neuron	Neurofilamentproteine	68KD, 145KD, 220KD	Neurone des zentralen und peripheren Nervensystems
Muskel	Desmin (Skeletin)	53KD	quergestreifte und glatte Muskulatur
Glia	Saures Gliafaserprotein (GFAP)	55KD	Astrozyten, Bergmann-Glia
Mesenchym	Vimentin	57KD	Fibroblasten, Chondrozyten, Makrophagen, Endothelzellen u. a.

2. Zytokeratine wie die übrigen Intermediärfilamentproteine auch noch in Tumoren nachweisbar sind [26].

In der vorliegenden immunzytochemischen Arbeit wird versucht, durch den Nachweis von Intermediärfilamentproteinen und insbesondere einzelnen Zytokeratinpolypeptiden die verschiedenen Zelltypen der sekretorischen Einheit der menschlichen Speicheldrüsen (Glandula parotis, Glandula submandibularis) auf molekularer Basis zu charakterisieren und zu unterscheiden. Durch den Vergleich der Befunde an normalen Speicheldrüsen und Zystadenolymphomen soll überprüft werden, ob der epitheliale Anteil dieser Tumoren einem Kompartiment der sekretorischen Einheit zuzuordnen ist und damit ein Beitrag zur Histogenese des Zystadenolymphomes geleistet werden kann.

Eigene Untersuchungen

Material und Methode

Biopsien der menschlichen Glandula parotis (n = 5) und Glandula submandibularis (n = 4) sowie 5 von insgesamt 100 Zystadenolymphomen im Zeitraum von 1983-1987 wurden immunzytochemisch an Gefrierschnitten auf die Expression von Intermediärfilamenten untersucht.

Alle Gewebe wurden unmittelbar nach der operativen Entfernung in flüssigem Stickstoff tiefgefroren. Mit einem Kryostaten (Frigocut 2800 E, Fa. Reichert-Jung, Nußloch) wurden ca. 4 µm dicke Schnitte angefertigt und in Azeton bei $-20\,°C$ für kurze Zeit fixiert. Zur Darstellung der Immunreaktion wurde eine Biotin-Streptavidin-Methode angewandt [18]. Aminoäthylcarbazol diente dabei als Färbesubstrat und ergab ein rot-braunes Reaktionsprodukt [16]. Neben monoklonalen Antikörpern gegen Vimentin und Gliafaserprotein (Boehringer, Mannheim, BRD) wurde ein Panel monoklonaler Antikörper gegen breit reagierende Zytokeratine (AE1+AE3, KL1, PKK1) und gegen selektive Zytokeratinpolypeptide, wie Zytokeratinpolypeptid Nrs. 7, 8, 18, 19, 13 sowie 13 und 16 eingesetzt. Ihre Bezeichnung (Klon), Spezifität und die Bezugsquellen sind in Tabelle 2 zusammengefaßt.

Ergebnisse

Normale Glandula parotis und Glandula submandibularis

AE1 + AE3, KL1 und *PKK1* reagierten mit allen epithelialen Zelltypen einschließlich der Myoepithelien und Basalzellen (Abb. 4a).

Die Immunreaktivität der selektiven Antikörper gegen die Zytokeratinkomponenten des Zylinderepithels 7, 8, 18 und 19 zeigte eine deutliche interindividuelle Variabilität. Dies galt auch für die Reaktion von 2 verschiedenen monoklonalen Antikörpern, die gegen das Zytokeratinpolypeptid Nr. 19 gerichtet sind (Klon LP2K versus A53-B/A2).

Eine intensive Reaktion in serösen und mukösen Azinuszellen wie auch im duktalen Epithel wurde mit anti-CK7 und anti-CK18 beobachtet (Abb. 4b). Die

Tabelle 2. Monoklonale Antikörper gegen Intermediärfilamentpolypeptide

IF-Typ	MAK (Klon)	Spezifität	Bezugsquelle	Referenz
Zytokeratine	AE1 + AE3	CK-PP 50KD, 56.5KD CK-PP 58KD, 65-67KD	Hybritech, San Diego, USA	Woodcock-Mitchell et al. 1982 [39]
	KL1	CK-PP 56KD	Dianova, Hamburg, BRD	Viac et al. 1983 [37]
	PKK1	CK-PP van HeLa-Zellen	Labsystems Oy, Helsinki, Finnland	Holthöfer et al. 1983 [17]
	CK7	CK-PP Nr. 7	Amersham-Buchler, Braunschweig, BRD	Tölle et al. 1985 [35]
	LE41	CK-PP Nr. 8	Amersham-Buchler, Braunschweig, BRD	Lane 1982 [23]
	LE65	CK-PP Nr. 18	Amersham-Buchler, Braunschweig, BRD	Lane 1982 [23]
	CK2	CK-PP Nr. 18	Boehringer, Mannheim, BRD	Debus et al. 1982 [11]
	A53-B/A2	CK-PP Nr. 19	Dr. Karsten- Dr. Kasper, Berlin-Görlitz, DDR	Karsten et al. 1982 [19]
	LP2K	CK-PP Nr. 19	Amersham-Buchler, Braunschweig, BRD	Lane et al. 1985 [24]
	$K_s13.1$	CK-PP Nr. 13	Camon, Wiesbaden, BRD	Achtstätter et al. 1985 [1]
	KS8.58	CK-PP Nrs. 13, 16	Dr. Geiger, Rehovot, Israel	Geiger et al. 1987 [15]
Vimentin	V9	Vimentin	Boehringer, Mannheim, BRD	Osborn et al. 1984 [29]
Gliafilament	G-A-5	Gliafaserprotein	Boehringer, Mannheim, BRD	Debus et al. 1983 [12]

IF, Intermediärfilament; MAK, monoklonaler Antikörper; CK-PP, Zytokeratinpolypeptid

Zytokeratine Nrs. 8 und 19 dagegen reagierten in den serösen und mukösen Azinuszellen nicht oder nur äußerst schwach (Abb. 4c, d). Eine sehr intensive und konstante CK8- und CK19-Immunreaktivität fand sich in den epithelialen Kompartimenten des Gangsystemes (Abb. 4b, c). Die Reaktion der Myoepithelien und Basalzellen war nicht immer sicher beurteilbar, insbesondere wenn gleichzeitig eine starke Reaktion in Azinuszellen bzw. im Gangsystem vorlag. Unter den selektiven, Zytokeratinpolypeptid-spezifischen Antikörpern waren Myoepithelien eindeutig positiv mit anti-CK7 und anti-CK19 (Abb. 4b, d). Insbesondere wegen der starken Reaktion der serösen und mukösen Azinuszellen mit anti-CK18 waren die Myoepithelien hier nicht eindeutig beurteilbar ($-/+$). Die Reaktion des mono-

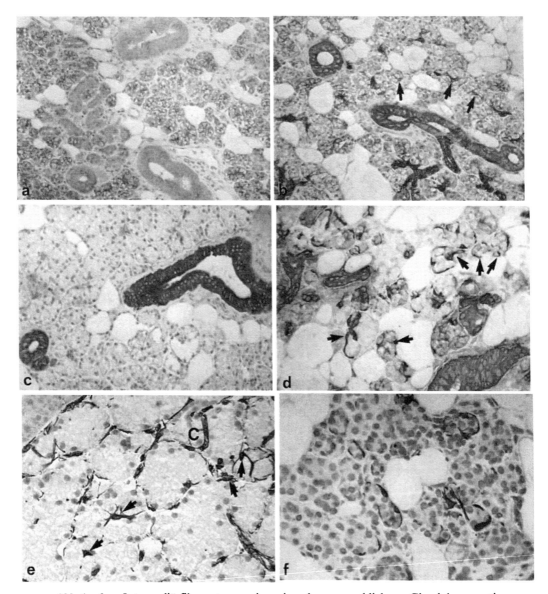

Abb. 4a-f. Intermediärfilamentexpression in der menschlichen Glandula parotis. **a** PKK1-Immunreaktion in verschiedenen epithelialen Zelltypen. **b** Reaktion eines monoklonalen Antikörpers gegen Zytokeratinpolypeptid Nr. 7 (Klon CK7) mit intensiver Reaktion im Gangepithel sowie Azinuszellen und Myoepithelien *(Pfeile)*. **c** Immunlokalisation eines monoklonalen Antikörpers gegen Zytokeratinpolypeptid Nr. 8 (Klon LE41) in Epithelzellen von Streifen- und Schaltstücken. **a-c** Original × 10. **d** Intensive Reaktion eines monoklonalen Antikörpers gegen Zytokeratinpolypeptid Nr. 19 (Klin AE53-B/A2) in Gangepithel und Myoepithelien der Azini *(Pfeile)*. **e** Vimentin-Reaktion in Myoepithelzellen *(Pfeile)* und im Drüsenstroma. **f** Expression von GFAP ausschließlich in Myoepithelzellen. **d-f** Original × 25, **a-f** Biotin-Streptavidin, AEC; Kerngegenfärbung mit Hämatoxylin (Aus Virchows Arch A (1987) 411: 583–589)

klonalen Antikörpers LE41 gegen Zytokeratinpolypeptid Nr. 8 war im Myoepithel negativ. Basalzellen reagierten eindeutig positiv mit anti-CK19, variabel mit anti-CK18 und waren – soweit beurteilbar – negativ oder höchstens vereinzelt positiv mit anti-CK7 und anti-CK8.

Der monoklonale Antikörper $K_s13.1$ (Zytokeratinpolypeptid Nr. 13) war bei geringer individueller Variabilität der Immunreaktion stark positiv in Myoepithelien und im duktalen Epithel. Azinäres Epithel und Basalzellen reagierten entweder schwach oder nur vereinzelt positiv und in anderen Fällen komplett negativ.

Mit dem monoklonalen Antikörper KS8.58 (CK-PP Nrs. 13 und 16) konnten selektiv Basalzellen des Gangsystemes in Schalt- und Streifenstücken sowie in Ausführungsgängen markiert werden (Abb. 6a, b). Nach dem Ausfall der Immunreaktion sind die Basalzellen in den einzelnen Anteilen des duktalen Systems und innerhalb desselben Kompartimentes diskontinuierlich verteilt.

Vimentin, das mesenchymale Intermediärfilamentpolypeptid, war positiv im Stroma der Speicheldrüsen, in lymphoiden Zellen und in den Gefäßen. Besonders wichtig war jedoch die intensive positive Reaktion in Myoepithelien (Abb. 4e). Dort wurde auch eine sehr starke Reaktion des Gliafaserproteins (GFAP) beobachtet (Abb. 4f). GFAP-Immunreaktivität konnte in den meisten, wenn auch nicht allen Myoepithelien der Azini gefunden werden. Die Reaktion wurde jedoch ausschließlich in der Glandula parotis beobachtet. GFAP konnte in den Myoepithelzellen der menschlichen Glandula submandibularis in unseren Fällen nicht lokalisiert werden. Damit lag in zahlreichen azinären Myoepithelzellen der Glandula parotis eine sehr seltene Dreifachexpression von Zytokeratinen, Vimentin und GFAP vor.

Die Ergebnisse sind in Tabelle 3 und Abb. 7, detailliert zusammengestellt.

Tabelle 3. Verteilung von Intermediärfilamentpolypeptiden in der normalen Speicheldrüse

Zytokeratinpolypeptide	Zytokeratine					Vim	GFAP
Nrs.	7	18	8	19	13,16		
Monoklonale Antikörper (Klone)	CK7	CK2	LE41	A53-B/A2	KS8.58	V9	G-A-5
Azinus, serös	++	+++	(+)	(+)	–	–	–
Azinus, mukös	++	+++	–	(+)	–	–	–
Gangepithel	+++	++	+++	+++	–	–	–
Basalzelle	–/+	–/+	–/+	+	+++	–	–
Myoepithelzelle	++	?	–	+++	–	+	+
Stroma	–	–	–	–	–	+	–

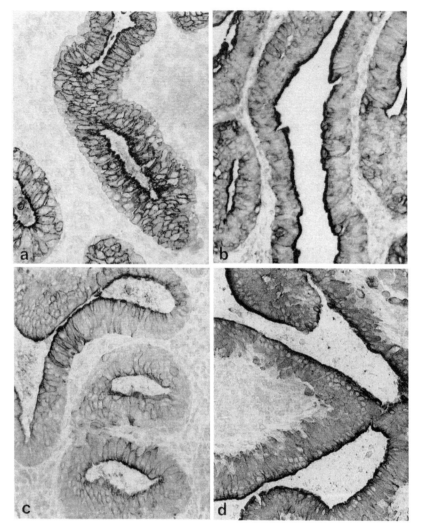

Abb. 5 a–d. Verteilung von Zytokeratinpolypeptiden im Zystadenolymphom. Breitreagierende Zytokeratinantikörper wie PKK1 (**a**) und KL1 (**b**) markieren ebenso wie monoklonale Antikörper gegen Zytokeratinpolypeptide Nr. 7 (CK7, **c**) und Nr. 8 (LE41, **d**) sämtliche Epithelzellen. **a–d** Biotin-Streptavidin, AEC; Kerngegenfärbung mit Hämatoxylin. Original × 25 (Aus Virchows Arch A (1987) 411: 583–589)

Zystadenolymphome

Das onkozytär differenzierte Epithel in allen 5 untersuchten Zystadenolymphomen der Glandula parotis zeigte eine starke positive Reaktion mit den breitreagierenden Zytokeratinantikörpern (AE1 und AE3, KL1, PKK1; Abb. 5 a, b) sowie den selektiven, polypeptid-spezifischen monoklonalen Antikörpern gegen Zytokeratine Nrs. 7, 8, 18 und 19, die typisch für Zylinderepithelien sind (Abb. 5 c, d; 6 c). In einzelnen Fällen wurde mit unterschiedlichen Antikörpern, wie AE1 und AE3,

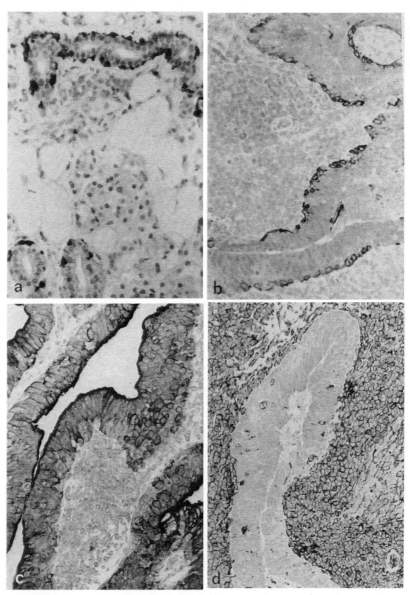

Abb. 6. a, b Selektive Reaktion des monoklonalen Antikörpers KS8.58 in Basalzellen der normalen Glandula parotis (**a**) und in Zystadenolymphomen (**b**). **c** Intensive Expression von Zytokeratinpolypeptid Nr. 19 (Klon AE53-B/A2) im epithelialen Kompartiment des Zystadenolymphomes. **d** Vimentin-Immunreaktivität dagegen nur im lymphoiden Stroma und in interepithelialen Lymphozyten.
a-d Biotin-Streptavidin, AEC; Kerngegenfärbung mit Hämatoxylin. Original × 25 (Aus Virchows Arch A (1987) 411: 583-589)

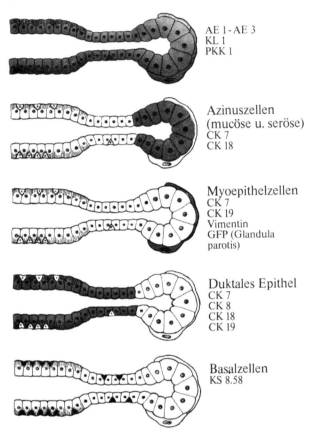

Abb. 7. Verteilung der Intermediärfilamentpolypeptide in der menschlichen Speicheldrüse. Selektive Charakterisierung einzelner Zelltypen der sekretorischen Einheit (aus Virchows Arch A (1987) 411: 583–589)

KL1, anti-CK Nrs. 8 und 18 eine heterogene Expression der Zytokeratin-Intermediärfilamente beobachtet, die sich in einer unterschiedlichen Intensität der Immunreaktivität innerhalb einzelner Zellen oder Tumorabschnitte ausdrückte. Wie in der normalen Speicheldrüse so markierte der monoklonale Antikörper KS8.58 auch im epithelialen Anteil der Zystadenolymphome ausschließlich Basalzellen (Abb. 5 b).

Die Immunreaktivität von KS13.1 (CK-Polypeptid Nr. 13) war von Fall zu Fall quantitativ verschieden und zeigte eine positive Reaktion lediglich in einzelnen, in einem Fall auch in sehr vielen Zellen. Die lymphoide Komponente der Zystadenolymphome war stark Vimentin-positiv, der epitheliale Anteil reagierte komplett negativ (Abb. 5 d). Zwischen den onkozytär differenzierten Zylinderepithelien wurden einzelne Vimentin-positive Lymphozyten beobachtet. GFAP war erwartungsgemäß vollständig negativ.

Diskussion

Die einzigartige enge orthologische Beziehung zwischen Drüsenparenchym und lymphatischem Gewebe der Kopfspeicheldrüsen ist von mehreren Autoren als entwicklungsbedingte Voraussetzung für die Entstehung von Zystadenolymphomen angesehen worden [3, 20, 33, 36].

Die bevorzugte Lokalisation von Zystadenolymphomen in der Glandula parotis, insbesondere im unteren Drüsenpol, hängt mit dem häufigen Nachweis von Drüsenparenchymeinschlüssen in intra- oder periglandulären Lymphknoten dieser Kopfspeicheldrüse zusammen [33, 34].

In der Glandula submandibularis, Glandula sublingualis und in den kleineren Mundspeicheldrüsen, in denen das örtliche lymphatische Gewebe wenig entwickelt ist, wurden entweder keine [36] oder extrem selten Zystadenolymphome beschrieben [34].

Immunologische Untersuchungen haben gezeigt, daß das lymphoide Stroma des Zystadenolymphomes dem normalen Lymphknotengewebe entspricht [10, 21].

Aufgrund des Nachweises von CEA, IgA, sekretorischer Komponente und Laktoferrin im epithelialen Anteil des Zystadenolymphomes wurde eine Herkunft von Streifenstückepithel diskutiert [21].

Durch den immunzytochemischen Nachweis von Zytokeratinen, Vimentin und GFAP ist es möglich, die einzelnen Zelltypen der sekretorischen Einheit der menschlichen Speicheldrüse zu charakterisieren und ein zelltypisches Intermediärfilamentmuster zu erarbeiten (Tabelle 3 u. Abb. 7).

Während breitreagierende Zytokeratinantikörper, wie AE1 + AE3, KL1 und PKK1, alle epithelialen Zelltypen der sekretorischen Einheit markieren, können mit monoklonalen Antikörpern gegen selektive Zytokeratinpolypeptide diese Zellen individuell dargestellt werden. Die Expression der Zytokeratinpolypeptide Nrs. 7 und 18, definiert durch die Immunreaktivität mit monoklonalen Antikörpern, läßt sich in serösen und mukösen Azinuszellen nachweisen. Die Zytokeratine Nrs. 8 und 19 zeigen eine starke Reaktion im duktalen Epithel, sind jedoch negativ oder ganz schwach positiv im azinären Epithel. Die sehr intensive Darstellung des duktalen Epithels durch einen Antikörper gegen Zytokeratin Nr. 19 bestätigt die Befunde von Geiger et al. [15]. Das Vorkommen von Zytokeratinen in Myoepithelzellen wurde erstmals von Franke et al. [14] beschrieben. Mit monoklonalen Antikörpern gegen selektive Zytokeratinpolypeptide konnten die Zytokeratine Nrs. 7 und 19 in den Myoepithelzellen der Azini eindeutig lokalisiert werden. In Myoepithelzellen der Glandula parotis, nicht jedoch der Glandula submandibularis ist die Co-Expression von Vimentin und GFAP eine extrem seltene Intermediärfilamentkomposition und für die Speicheldrüse einzigartig [1, 27]. Das Vorkommen von GFAP in nichtglialen Zelltypen ist sehr selten [6, 30].

In Übereinstimmung mit den Befunden von Geiger et al. [15] beobachteten wir eine selektive Darstellung der Basalzellen durch den monoklonalen Antikörper KS8.58.

In Zystadenolymphomen reagieren sowohl die Breitband-Zytokeratin-Antikörper als auch die Gruppe der monoklonalen Antikörper gegen Zylinderepitheltypische Zytokeratine Nrs. 8, 18 und 19 mit der epithelialen Tumorkomponente. Wie im Gangsystem der Speicheldrüse, so finden wir auch im Zystadenolymphom zahlreiche Basalzellen, die mit dem monoklonalen Zytokeratinantikörper KS8.58 selektiv dargestellt werden. Frühere eigene Untersuchungen hatten gezeigt, daß Basalzellen mit dem Lektin der Erdnuß, Peanut Agglutinin, sowohl in den Speicheldrüsen (Glandula parotis und Glandula submandibularis) als auch in Zystadenolymphomen markiert werden können [5]. Da Basalzellen einen spezifischen Zelltyp des duktalen Gangsystemes, nicht jedoch der Azini von Speicheldrüsen darstellen, sehen wir in den mit zwei unabhängigen Markern erhobenen Befunden die Hypothese von der Ableitung des epithelialen Anteils der Zystadenolymphome aus dem duktalen System unter der Voraussetzung bestätigt, daß die Gangsegmente Basalzellen enthalten und ein enger Kontakt zu ortsständigem lymphatischem Gewebe besteht.

Literatur

1. Achtstätter Th, Moll R, Anderson A, Kuhn C, Pilz S, Schwechheimer K, Franke WW (1986) Expression of glial filament protein (GFP) in nerve sheaths and non-neural cells re-examined using monoclonal antibodies, with special emphasis on the co-expression of GFP and cytokeratins in epithelial cells of human salivary gland and pleomorphic adenoma. Differentiation 31: 206-227
2. Albrecht H, Arzt L (1910) Beiträge zur Frage der Gewebsverirrung. Papilläre Cystadenolymphome in Lymphdrüsen. Frankf Z Path 4: 47-69
3. Azzopardi JG, Tsün HL (1964) The genesis of adenolymphoma. J Pathol Bacteriol 88: 213-218
4. Becker W, Haubrich J, Seifert G (1978) Krankheit der Kopfspeicheldrüsen. In: Berendes J. Link R, Zöllner F (Hrsg) Hals-Nasen-Ohren-Heilkunde in Praxis und Klinik, Bd 3, Stuttgart S 12.1
5. Born IA, Schwechheimer K, Maier H, Möller P, Otto HF (1986) Peanut-Agglutinin als Marker für undifferenzierte Basalzellen (sog. undifferenzierte Gangepithelzellen) in normalem Speicheldrüsengewebe und Cystadenolymphom. Verh Dtsch Ges Pathol 70: 463
6. Budka H (1986) Non-glial specificities of immunocytochemistry for the glial fibrillary acidic protein (GFAP). Triple expression of GFAP, vimentin and cytokeratins in papillary meningioma and metastasizing renal carcinoma. Acta Neuropathol (Berl) 72: 43-54
7. Caselitz J, Osborn M, Seifert G, Weber K (1981) Intermediate sized filament proteins (prekeratin, vimentin, desmin) in normal parotid gland and parotid gland tumors. Virchows Arch (Pathol Anat) 393: 273-286
8. Caselitz J, Osborn M, Wustrow J, Seifert G, Weber K (1982a) The expression of different intermediate sized filaments in human salivary glands and their tumors. Pathol Res Pract 175: 266-278
9. Caselitz J, Seifert G, Jaup T (1982b) Tumor antigens in neoplasms of the parotid gland. J Oral Pathol 11: 374-386
10. Caselitz J, Salfelder G, Seifert G (1984) Adenolymphoma: an immunohistochemical study with monoclonal antibodies against lymphocyte antigens. J Oral Pathol 3: 438-447
11. Debus E, Weber K, Osborn M (1982) Monoclonal cytokeratin antibodies that distinguish simple from stratified squamous epithelia: characterization on human tissues. EMBO J 1: 1641-1647
12. Debus E, Weber K, Osborn M (1983) Monoclonal antibodies specific for glial fibrillary acidic (GFA) protein and for each of the neurofilament triplet polypeptides. Differentiation 25: 193-203
13. Ferner H, Gansler H (1961) Elektronenmikroskopische Untersuchungen an der Glandula submandibularis und Parotis des Menschen. Z Zellforsch 55: 158-178

14. Franke WW, Schmid E, Freudenstein C, Appelhans B, Osborn M, Weber K, Keenan TW (1980) Intermediate-sized filaments of the prekeratin type in myoepithelial cells. J Cell Biol 84: 654
15. Geiger S, Geiger B, Leitner O, Marshak G (1987) Cytokeratin polypeptides expression in different epithelial elements of human salivary glands. Virchows Arch (Pathol Anat) 410: 403-414
16. Graham RC, Lundholm U, Karnovsky MJ (1985) Cytochemical demonstration of peroxidase activity with 3-amino-9-ethylcarbazole. J Histochem Cytochem 13: 150-152
17. Holthöfer H, Miettinen A, Lehto V-P, Linder E, Alfthan O, Virtanen I (1983) Cellular origin and differentiation of renal cell carcinomas. A fluorescence microscopic study with kidney-specific antibodies, anti-intermediate filament antibodies, and lectins. Lab Invest 50: 552-559
18. Hsu SM, Raine L, Fanger H (1981) Use of avidin-biotin-peroxidase complex (ABC) in immunoperoxidase techniques: a comparison of ABC and unlabeled antibody (PAP) procedure. J Histochem Cytochem 30: 577-580
19. Karsten U, Papsdorf G, Roloff G, Stolley P, Abel H, Walther I, Weiss H (1985) Monoclonal anti-cytokeratin antibody from a hybridoma clone generated by elektrofusion. Eur J Cancer Clin Oncol 21: 733-746
20. Kleinsasser O, Klein HJ, Steinbach E, Hübner G (1966) Onkozytäre adenomartige Hyperplasien, Adenolymphome und Onkozytome der Speicheldrüsen. Arch klin exp Ohren-, Nasen- u Kehlkopf Heilkd 186: 317-366
21. Korsrud FR, Brandtzaeg P (1984) Immunhistochemical characterization of cellular immunoglobulins and epithelial marker antigens in Warthin's tumor. Human Pathol 15: 361-367
22. Krepler R, Denk H, Artlieb U, Moll R (1982) Immunocytochemistry of intermediate filament proteins present in pleomorphic adenomas of the human parotid gland. Characterization of different cell types in the same tumor. Differentiation 21: 191-199
23. Lane BE (1982) Monoclonal antibodies provide specific intramolecular markers for the study of epithelial tonofilament organization. J Cell Biol 92: 665-673
24. Lane BE, Bartek J, Purkis PE, Leigh MJ (1985) Keratin antigens in differentiating skin. Ann NY Acad Sci 455: 241-258
25. Moll R (1986) Epitheliale Tumormarker. Verh Dtsch Ges Pathol 70: 28-50
26. Möll R, Franke WW, Schiller DL, Geiger B, Krepler R (1982) The catalog of human cytokeratins: patterns of expression in normal epithelia, tumors, and cultured cells. Cell 31: 11-24
27. Nakazato Y, Ishida Y, Takahashi K, Suzuki K (1985) Immunohistochemical distribution of S-100 protein and glial fibrillary acidic proteins in normal and neoplastic salivary glands. Virchows Arch (Pathol Anat) 405: 299-310
28. Osborn M, Geisler N, Shaw G, Sharp G, Weber K (1982) Intermediate filaments. Cold Spring Harbor Symp Quant Biol 46: 413-429
29. Osborn M, Debus E, Weber K (1984) Monoclonal antibodies specific for vimentin. Eur J Cell Biol 34: 137-143
30. Schwechheimer K (1986) Nervale Tumormarker. Verh Dtsch Ges Pathol 70: 82-103
31. Seifert G (1984) Der Einsatz von Tumormarkern bei der Diagnostik von Speicheldrüsentumoren. Wien Klin Wschr 94: 372-375
32. Seifert G (1985) The importance of tumor markers in oral pathology. II. Cell membrane and cytoplasmic antigens as tumour markers. Pathol Res Pract 179: 625-628
33. Seifert G, Geiler G (1956) Zur Pathologie der kindlichen Kopfspeicheldrüsen. Beitr Path Anat 116: 1-38
34. Seifert G, Miehlke H, Haubrich J, Chilla R (Hrsg) (1984) Speicheldrüsenkrankheiten. Pathologie-Klinik-Therapie-Fazialischirurgie. Thieme, Stuttgart-New York
35. Tölle H-G, Weber K, Osborn M (1985) Microinjection of monoclonal antibodies specific for one intermediate filament in cells containing multiple keratins allow insight into the composition of particular 10 nm filaments. Eur J Cell Biol 38: 234-244

36. Thompson AS, Bryant HC (1950) Histogenesis of papillary cystadenoma lymphomatosum (Warthin's tumor) of the parotid salivary gland. Am J Pathol 26: 807–829
37. Viac J, Reano A, Brochier J, Staquet M-J, Thivolet J (1983) Reactivity pattern of a monoclonal antikeratin antibody (KL1). J Invest Dermatol 81: 351–354
38. Warthin AS (1929) Papillary cystadenoma lymphomatosum. A rare teratoid of the parotid region. J Cancer Res 13: 116–125
39. Woodcock-Mitchell J, Eichner R, Nelson WG, Sun T-T (1982) Immunolocalization of keratin polypeptides in human epidermis using monoclonal antibodies. J Cell Biol 95: 580–588
40. Zimmermann KW (1927) Die Speicheldrüsen der Mundhöhle und die Bauchspeicheldrüse. In: v. Möllendorff W (Hrsg) Handbuch der mikroskopischen Anatomie des Menschen, Bd 5, Teil 1, 61–224. Springer, Berlin

Danksagungen. Der monoklonale Antikörper KS8.58 wurde freundlicherweise von Dr. B. Geiger, Rehovot/Israel, zur Verfügung gestellt. Wir danken B. Matzke und M. Kaiser für die Laborarbeiten, C. und C. Menges, J. Moyers und H. Derks für die Herstellung der Abbildungen und I. Alffermann für das engagierte und sorgfältige Schreiben des Manuskriptes.

Diskussionsbemerkungen

Maier (Heidelberg)
Haben Sie eine Erklärung dafür daß die Zystadenolymphome fast ausschließlich in der Gl. parotis auftreten?

Born (Heidelberg)
Das hängt wahrscheinlich mit dem Aufbau der Drüse zusammen. Die Gl. parotis ist praktisch die einzige Speicheldrüse die ein eigenes lymphatisches System hat. Dieses setzt sich aus intra- und periglandulären Lymphknoten sowie aus teils abgekapseltem lymphatischem Gewebe oder einer periduktulären Ansammlung von Lymphocyten zusammen. Bereits in der Frühentwicklung der Gl. parotis zwischen der 6. und 7. Schwangerschaftswoche läßt sich ein Nebeneinander von Epithelsprossen u. Lymphozyten nachweisen. Das finden wir in den anderen Speicheldrüsen, z. B. in der Gl. submandibularis, nicht.

Zum Stellenwert der Feinnadelpunktions-Zytologie in der Diagnostik der Glandula parotis

G. FEICHTER[1], H. MAIER[2] und I. A. BORN[3]

Die Glandula parotis bietet für die Feinnadelpunktion (FNP) besonders günstige Voraussetzungen. Die Drüse ist dank ihrer Lokalisation der punktierenden Kanüle leicht zugänglich. Die Schmerzbelästigung der Patienten ist durchaus erträglich. Mit Komplikationen durch die Punktion in Form von Blutungen, Entzündungen oder Verletzungen ist nicht zu rechnen. Es gibt keine Hinweise für eine mögliche Verschleppung von Tumorzellen durch die Punktion [3]. Der überwiegende Teil der Läsionen der Gl. parotis besteht aus Zellen in lockerem Zusammenhalt, die unter Sog durch Aspiration aus ihrem Verband gelöst werden können. Ein Großteil der Speicheldrüsenerkrankungen geht mit einem charakteristischen Zellbild einher, das die Erstellung einer zytologischen Diagnose erlaubt. Als letzter und möglicherweise wichtigster Grund sei eine vorhandene klinische Fragestellung genannt.

Die ersten umfassenden Ergebnisberichte über die FNP der Gl. parotis stammen aus Schweden, das als Ausgangsland der Methode bezeichnet werden darf. Sie enthalten Angaben über eine relativ hohe Treffsicherheit der zytologischen Diagnosen bei Tumoren von 70-90%, je nach Tumortyp [2, 5]. In der B.R. Deutschland hat Droese über vergleichbar gute Ergebnisse, mit einem Anteil von bis zu 96% korrekt typisierten benignen und 74% korrekt typisierten malignen Tumoren berichtet [1] und zytologische Befundkriterien erarbeitet.

Veröffentlichten guten Ergebnissen der FNP der Gl. parotis stehen allerdings auch Zusammenstellungen weniger günstiger Trefferraten gegenüber. Insbesondere O'Dwyer et al. (1986) führen eine skeptische Haltung in den USA gegenüber der FNP der Gl. parotis auf eine hohe Rate falsch negativer zytologischer Diagnosen zurück. Unterschiedliche Erfahrungen mit der Methode, Schwierigkeiten die hohe Treffsicherheit der besonders erfahrenen Zytologen auf diesem Spezialgebiet zu reproduzieren und mangelnde Klarheit bei der Formulierung klinischer Fragestellungen dürften für eine allenfalls begrenzte Verbreitung der Parotiszytologie in der B.R. Deutschland wie auch in den USA verantwortlich sein.

Während der Schwerpunkt der o.g. Arbeiten meist auf der Treffsicherheit der FNP der Gl. parotis im Vergleich zu der histologischen Typisierung lag, soll in der vorliegenden Darstellung außer auf Fragen der Genauigkeit zytologischer Dia-

---

[1] Pathologisches Institut der Universität, Abt. für experimentelle, insbesondere vergleichende Pathologie, Im Neuenheimer Feld 220/221, D-6900 Heidelberg
[2] Kopfklinikum. Universitäts-HNO-Klinik, Im Neuenheimer Feld 400, D-6900 Heidelberg
[3] Institut für Pathologie der Universität, Abt. für allg. und pathologische Anatomie, Im Neuenheimer Feld 220/221, D-6900 Heidelberg

gnosen auch auf klinische Fragestellungen, die durch die Aspirationszytologie der Gl. parotis beantwortet werden können, eingegangen werden.

Die eigenen Erfahrungen mit der FNP der Gl. parotis stammen aus einer 1983 begonnenen Kooperation zwischen Klinikern und Zytologen, wobei die Initiative von der Klinik ausging. Uns interessierte zunächst, ob die aus der Literatur bekannten Erfolgsberichte auch in einem Institut ohne jahrzehntelange Spezialerfahrung reproduziert werden können. Insbesondere wollten wir aus eigener Erfahrung feststellen, welcher Stellenwert der FNP in der folgenden Sequenz von diagnostischen Maßnahmen bei Erkrankungen der Gl. parotis zukommt: 1. klinische Untersuchung, 2. Sialometrie und Sialochemie, 3. Sonographie, 4. Sialographie, 5. CT und NMR (bei Malignomverdacht), 6. Feinnadelpunktion, 7. Probeexzision für die histologische Untersuchung.

Während der Jahre 1983–1986 wurden an der Universitäts-HNO-Klinik Heidelberg insgesamt 933 Feinnadelpunktionen, davon 327 der Gl. parotis vorgenommen. Die Punktion wurde mit einer 20 ml Spritze, einer dünnen Injektionskanüle (Nr. 17) und einem speziell angefertigten Spritzengriff durchgeführt. Die Ohrspeicheldrüse wurde mehrfach fächerförmig einstechend, unter permanentem Sog punktiert. Eine Lokalanästhesie erwies sich als nicht notwendig. Das aspirierte Zellmaterial wurde auf einen oder zwei Objektträger direkt ausgespritzt und unter leichtem Druck nach Art eines Blutausstriches ausgestrichen. Die Präparate wurden teils Luft getrocknet und nach Giemsa, oder in einem Äther-Alkohol Gemisch fixiert und nach Papanicolaou gefärbt.

Die klinischen Diagnosen, die der Indikation zur FNP zugrundelagen, waren: Verdacht auf eine Sialadenose (n=43), Klärung einer entzündlichen Erkrankung (n=158) und Verdacht auf einen Tumor (n=126).

Die Kenntnis des normalen Zellbildes der Glandula parotis stellt die Grundvoraussetzung einer erfolgreichen Zytodiagnostik, auch im Falle der Gl. parotis, dar.

Normale Glandula parotis: Das Zellbild setzt sich hauptsächlich aus läppchenförmig angeordneten Azinuszellen zusammen (Abb. 1). Duktale Epithelien werden nur gelegentlich angetroffen. Besonders wichtig ist die Einschätzung der Zellmenge (englisch cellularity), die aus einer normalen Gl. parotis üblicherweise von demselben punktierenden Arzt gewonnen wird. Die Zellularität kann mit einer gewissen Übung seitens des Zytologen zuverlässig beurteilt werden. Sie dient insbesondere zur Abgrenzung des normalen Zellbildes gegenüber einer Sialadenose.

Abb. 1. Normale Gl. parotis. Läppchenförmig angeordnete Azinuszellen. Papanicolaou, ×160

Abb. 2. Obstructive Sialadenitis. Einzelne Schaumzellen, Lymphozyten, Granulozyten. Papanicolaou, ×160

Abb. 3. Elektrolytsialadenitis der Gl. parotis. Eiweißhaltiger „schaumiger" Hintergrund, läppchenförmig angeordnete Azinuszellen, locker eingestreute Lymphozyten. Papanicolaou, ×40

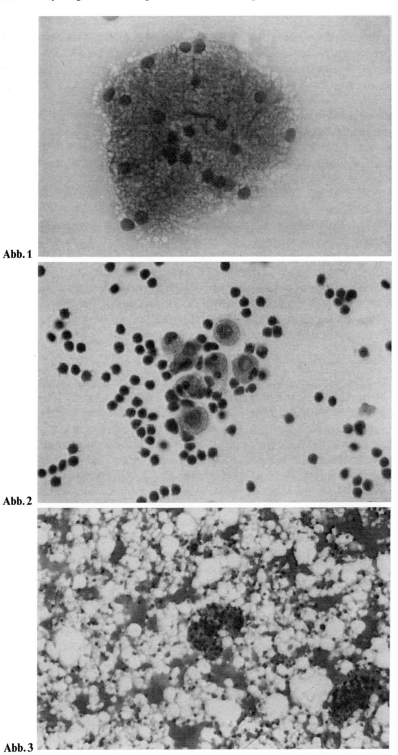

Abb. 1

Abb. 2

Abb. 3

Sialadenose: Die klinische Diagnose einer Sialadenose wurde aufgrund des typischen Beschwerdebildes und durch Ausschluß eines entzündlichen oder eines neoplastischen Prozesses gestellt. Auch bei der Sialadenose trifft man im zytologischen Präparat hauptsächlich auf läppchenförmig angeordnete Azinuszellen. Die Kerne sind rund und regelmäßig anfärbbar, zudem leicht vergrößert. Die Wahrnehmung der Kernvergrößerung ist visuell nicht ohne weiteres möglich. Für eine Objektivierung der Kernvergrößerung wäre eine karyometrische Messung notwendig. In der Routinediagnostik kann auf eine derartige Messung weitgehend verzichtet werden. Als wichtigstes differentialzytologisches Kriterium hat sich die hohe Zellularität im Vergleich zu Punktaten aus normalen Ohrspeicheldrüsen erwiesen. Das Fehlen von Entzündungszellen und atypischer Zellelemente gestatten eine zuverlässige Abgrenzung gegenüber einer Sialadenitis und gegenüber einem Tumor.

Von 43 Punktaten wurde 36 mal die zytologische Diagnose einer Sialadenose gestellt. In 4 Fällen handelte es sich um eine Punktio sicca. Insbesondere wurde keine falsch positive Tumordiagnose gestellt. In 3 Fällen wurde zytologisch eine Sialadenitis und einmal normale Gl. parotis diagnostiziert.

Nachdem die Sialadenose im Allgemeinen keine Indikation für die Extirpation der Gl. parotis darstellt, erfolgte die histologische Befundsicherung nur in einzelnen Fällen. Eine Angabe der Treffsicherheit der FNP in Prozenten gegenüber histologischen Befunden ist deshalb nicht möglich.

Sialadenitis: Von insgesamt 327 Punktaten wurden 158 im Rahmen der diagnostischen Abklärung einer Sialadenitis vorgenommen. Am häufigsten wurde dabei eine Elektrolytsialadenitis punktiert. Die Diagnose wurde klinisch gestellt, wenn eine obstructive Sialadenitis mit nachgewiesener Störung in der Zusammensetzung des Speichelsekretes vorlagen. Als zytologische Befundkriterien fanden wir einen eiweißhaltigen, oft nahezu schaumigen Hintergrund des Präparates, läppchenförmig zusammenhängende Azinuszellen und locker eingestreute Lymphozyten in unterschiedlicher, meist geringer Menge (vgl. Abb. 2 u. 3). Die chronisch rezidivierende Sialadenitis zeigt demgegenüber ein insgesamt buntes, uncharakteristisches Zellbild, das in Abhängigkeit von Stadium und Schweregrad erheblich variiert. Insbesondere fortgeschrittene Stadien sind von einer myoepithelialen Sialadenitis nicht mit der notwendigen Zuverlässigkeit zu unterscheiden, sie können jedoch mühelos als entzündliche Parotiserkrankung gegenüber einer Sialadenose und gegenüber einem Tumor abgegrenzt werden.

Das zytologische Bild der myoepithelialen Sialadenitis beim Sjögren Syndrom wird im Frühstadium durch dicht eingestreute Lymphozyten und noch nachweisbare Azinuszellen bestimmt (Abb. 4). Herdförmige Proliferate von Myoepithelien und ductalen Epithelien können auf dem zytologischen Ausstrich nicht zuverlässig unterschieden werden. Das vermehrte Auftreten herdförmig proliferierter, spindelförmiger Zellelemente spricht zusätzlich für eine myoepitheliale Sialadenitis. Das lymphoidzellige Infiltrat kann eine unter Umständen beträchtliche Kernpleomorphie aufweisen (Abb. 5), die differentialzytologisch an ein malignes Lymphom denken läßt. Zur Beantwortung dieser Frage ist die Probeexzision zwecks histologischer Untersuchung erforderlich.

Feinnadelpunktions-Zytologie in der Diagnostik der Glandula parotis

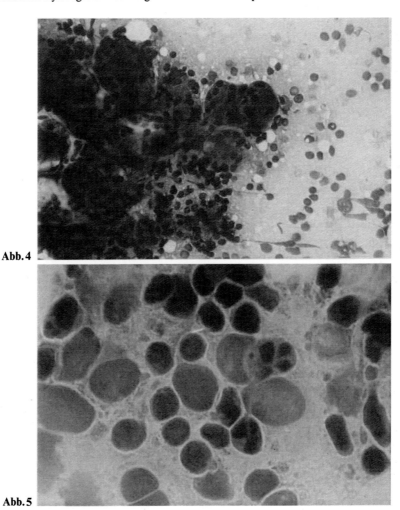

Abb. 4

Abb. 5

Abb. 4. Myoepitheliale Sialadenitis bei Sjögren-Syndrom. Frühstadium. Papanicolaou, × 100

Abb. 5. Myoepitheliale Sialadenitis bei Sjögren-Syndrom. Pleomorphe lymphoidzellige Population. Papanicolaou, × 400

Mit größerer Sicherheit kann die epitheloidzellige Sialadenitis (M. Boeck) der Gl. parotis im zytologischen Ausstrichpräparat diagnostiziert werden, wenn neben lymphozytären Entzündungszellen Epitheloidzellen und insbesondere mehrkernige Riesenzellen nachgewiesen werden können (Abb. 6 u. 7).

Von den 158 Punktaten mit der klinischen Diagnose „Entzündung", wurden 3 falsch positiv als tumorverdächtig eingestuft (1,9%). Auch für die Gruppe der entzündlichen Parotiserkrankungen konnte keine Berechnung der Treffsicherheit im Vergleich zur Histologie erfolgen.

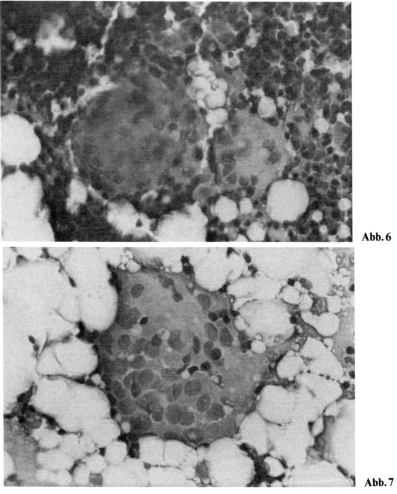

Abb. 6

Abb. 7

Abb. 6. Epitheloidzellige Sialadenitis der Gl. parotis. Papanicolaou, ×160

Abb. 7. Mehrkernige Riesenzelle aus einer epitheloidzelligen Sialadenitis der Gl. parotis. Papanicolaou, ×315

Tumoren: Insgesamt 111 Punktate wurden aus histologisch gesicherten Parotistumoren gewonnen Tabelle 1. In 10 Fällen war das Aspirat für die Zytodiagnostik unergiebig (sog. punctio sicca). Von den verbliebenen 101 Punktaten wurde in 83 Fällen die Diagnose eines Tumors gestellt (72,4%), während die verbliebenen 33 Fälle (28,4%) falsch negativ beurteilt wurden.

Eine falsch negative zytologische Diagnose wurde am häufigsten bei zystischen Tumoren gestellt (n=21). In weiteren 7 Fällen wurde die zytologische Diagnose einer Entzündung gestellt. Zwei dieser Fälle zeigten histologisch ein Adenom mit Entzündung. Außerdem wurden in einem Fall nur Bindegewebsanteile

Tabelle 1. Histologische Diagnosen und zytologische Befunde bei 111 punktierten Parotistumoren. Die Prozentzahlen in Klammern beziehen sich auf die Zahl der zytologisch auswertbaren Punktate.

Histologische Diagnose	Fallzahl	Zytologische Befunde (ungereinigt)			
		Punctio sicca	Artdiagnose		
			richtig	falsch neg.	falsch pos.
Benigne Tumoren					
Pleomorphes Adenom	52	2	40	9	1
Zystadenolymphom	22	3	8	10	1
Sonstige	6	0	2	4	0
Maligne Tumoren					
Azinuszelltumor	6	1	1	4	–
Mukoepidermoidtumor	6	1	0	5	–
Adenoidzystisches Karzinom	2	2	0	0	–
Adenokarzinom	5	1	4	0	–
Plattenepithelkarzinom	3	0	3	0	–
Malignes Non Hodgkin Lymphom	4	0	3	1	–
Sonstige	5	0	5	0	–
Summe	111	10	66 (65,3%)	33 (32,7%)	2 (2,5%)

und in zwei Fällen normales Speicheldrüsengewebe diagnostiziert, wobei anzunehmen ist, daß der Speicheldrüsentumor durch die Punktion nicht getroffen wurde.

Aufgrund des Vergleiches zwischen zytologischem Bild und histologischer Diagnose erarbeiteten wir zytologische Diagnosekriterien, die später als Grundlage für eine zytologische Reklassifizierung dienten.

Zystadenolymphome (n = 22) ergaben Punktate mit einem eiweißhaltigen Hintergrund, der zunächst einem Zystenpunktat (Abb. 8) ähnlich sieht. In den meisten Fällen trifft man auf entweder einzeln oder knospenförmig angeordnete onkozytäre Zellelemente (Abb. 9), während die lymphoidzellige Komponente nicht nennenswert in Erscheinung tritt.

Pleomorphe Adenome (n = 52) zeigen im zytologischen Ausstrich Partikel eines feinen faserigen Stroma (Abb. 10) und unterschiedlich dicht gelagerte spindelförmige Zellelemente, die als Myoepithelien einzustufen sind (Abb. 11). Der Anteil der jeweiligen Gewebskomponenten schwankt je nach dem Typ des pleomorphen Adenomes nach Seifert.

Von den punktierten benignen Tumoren mit ausreichendem Zellmaterial, also ohne die Fälle mit einer Punctio sicca, wurden nur zwei Fälle zytologisch fälschlicherweise als maligne eingestuft (2,5%). Von den 31 malignen Tumoren dieser Serie (Abb. 12–14) wurde 5 mal eine Punctio sicca, 16 mal zytologisch ein maligner Tumor und zehn mal eine andere Diagnose als die eines malignen Tumors gestellt. Die richtige Einstufung als „maligner Tumor" erfolgte damit in 76,2% der Fälle.

Eine Analyse unseres Materials zeigte, insbesondere bei Berücksichtigung der Trefferrate der Diagnosen im zeitlichen Ablauf der Untersuchungen, daß für die

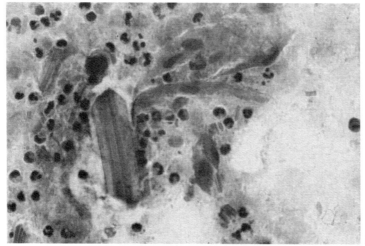

Abb. 8

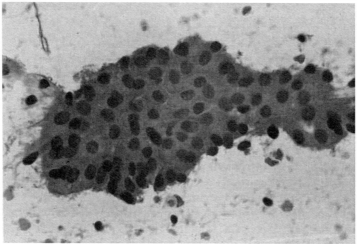

Abb. 9

Abb. 8. Zystenpunktat der Gl. parotis. Hintergrund aus amorph ausgefälltem Eiweiß, Kristalle, metaplastisches Plattenepithel, Granulozyten. Papanicolaou, ×160

Abb. 9. Zystadenolymphom der Gl. parotis. Knospenförmig proliferierte onkozytäre Zellen. Papanicolaou, ×160

Zytodiagnostik der Gl. parotis ein langer Lernprozeß seitens des Zytologen notwendigerweise stattfindet. Allgemeine zytologische Kenntnisse und Erfahrungen auf anderen zytologischen Spezialgebieten befähigen den Zytologen nicht sogleich auch für die Zytodiagnostik der Gl. parotis. Ergebnisse mit zytologisch richtiger Typisierung mit bis zu 90%, wie sie von o.g. Autoren zum Teil veröffentlicht wurden, können nur nach einem jahrelangen, intensiven Lern- und Erfahrungsprozeß, aber sicher nicht auf Anhieb erreicht werden. Die Einarbeitung des Zytologen kann durch die Anforderung durch die Klinik in Form von Zusendung adäquaten Zellmaterials und durch Formulierung exakter klinischer Fragestellungen stets verbessert werden.

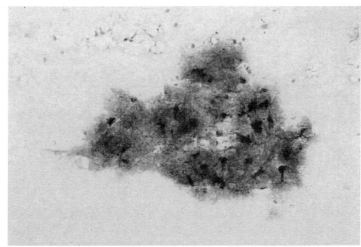

Abb. 10

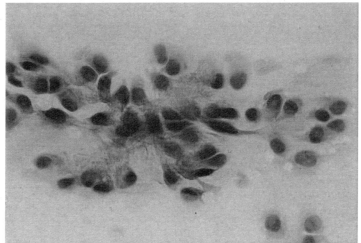

Abb. 11

Abb. 10. Pleomorphes Adenom. Faseriges Stromapartikel. Papanicolaou, ×100

Abb. 11. Pleomorphes Adenom. Kleinkernige, spindelförmige Zellelemente entsprechend Myoepithelien. Papanicolaou, ×160

Ungeachtet dessen, sind der Aspirationszytologie als Methode Grenzen gesetzt, die u. E. vor allem den Versuch einer Tumortypisierung betreffen. Diese kann im zytologischen Ausstrich mit einer gewissen Zuverlässigkeit bei den häufiger vorkommenden Adenomen, wie dem pleomorphen Adenom und dem Zystadenolymphom, vorgenommen werden. Insgesamt erscheint es jedoch wichtig festzustellen, daß die exakte Tumortypisierung eine Domäne der Histologie darstellt und daß die Zytologie mit der Beantwortung der Frage überfordert sein kann. Zu hohe Anforderungen an eine Methode bringen sie jedoch leicht in Miskredit und täuschen über ihren eigentlichen Wert hinweg. Worin liegt dieser nun im Falle der FNP der Gl. parotis? Aus der Erfahrung unserer Arbeitsgruppe

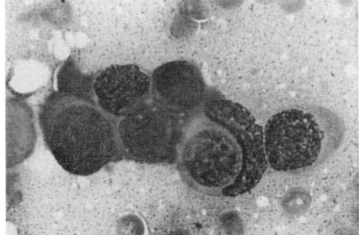
Abb. 12

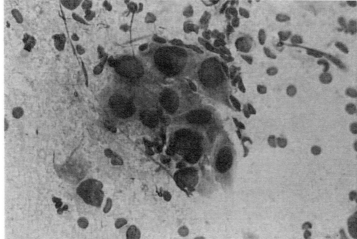
Abb. 13

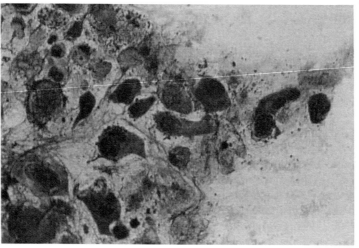
Abb. 14

haben sich im Lauf der Jahre folgende Fragen, die für den Kliniker wichtig und von dem Zytologen beantwortet werden können, ergeben:

1. Unterscheidung zwischen einem Tumor der Gl. parotis und einem der Drüse vorgelagerten Lymphknoten oder Lipom,
2. Differenzierung zwischen normalem Drüsengewebe und Sialadenitis einerseits und zwischen einer Entzündung und einem Parotistumor andererseits,
3. Diagnostische Hilfestellung bei der Differentialdiagnose Sialadenitis – Sialadenose,
4. Vorabeinschätzung der Dignität eines Parotistumors im Vorfeld der preoperativen Abklärung mit den Vorteilen einer Erleichterung des Patientengespräches, Vorbereitung der histologischen Schnellschnittdiagnostik und Planung von Aufarbeitungstechniken am frischen Operationsmaterial,
5. Diagnostische Hilfestellung bei Rezidivverdacht im voroperierten, insbesondere im vorbestrahlten Gebiet, zumal in der Nähe des N. facialis,
6. Schließlich Fälle in denen eine Biopsie nicht durchgeführt werden kann, wie etwa bei Narkoseunfähigkeit oder inkooperativem Verhalten von Patienten.

Diese Reihe von klinischen Fragestellungen ließe sich noch erweitern, beispielsweise durch zervikale Lymphknotenpunktate mit der Frage nach der Metastasierung eines bereits bekannten Malignomes. Sie zeigt, daß die FNP zu vielfältigen und differenzierten Aussagen bei richtiger Fragestellung in der Lage ist. Sie sollte daher nicht ausschließlich unter dem Gesichtspunkt einer möglichst exakten und letztlich doch nicht ganz erreichbaren Nachvollziehung der histologischen Typisierung praktiziert werden.

Literatur

1. Droese M, Haubrich J, Tute M (1978) Stellenwert der Punktionszytologie in der Diagnostik der Speicheldrüsentumoren. Schweiz Med Wschr 108: 933–935
2. Eneroth CM, Franzen S, Zajicek J (1967) Cytologic diagnosis on aspirate from 1000 salivary-gland tumours. Acta Otolaryngol (Suppl) 224: 168–172
3. Engzell V, Esposti DL, Rubio C, Sigurdson A, Zajicek J (1971) Investigation of tumor spread in connection with aspiration biopsy. Acta Radiol Ther 10: 385–398
4. Kline TS, Merriam JM, Shapshay StM (1981) Aspiration biopsy cytology of the salivary gland. Amer J Clin Pathol 76: 263–269

⎯⎯⎯⎯

Abb. 13. Plattenepithelkarzinom der Gl. parotis. Polygonal abgefaltete atypische Zellen mit deutlicher Kernpleomorphie. Papanicolaou, × 160

Abb. 12. Adenokarzinom der Gl. parotis. Knospenförmig angeordnete atypische Zellen. Ausgeprägte Kernpleomorphie, grobkörniges Chromatin, vergrößerte Nukleolen. Giemsa, × 400

Abb. 14. Sarkom (histol. Rhabdomyosarkom), extrem polymorphe, gelegentlich spindelige Zellen mit bizarren Kernformen. Grob gekörneltes Chromatin. Fehlen organoider Strukturen. Giemsa, × 160

5. Lindberg LG, Akerman M (1976) Aspiration cytology of salivary gland tumors: diagnostic experience from six years of routine laboratory work. Laryngoscope 86: 584–594
6. O'Dwyer P, Farrar WB, James AG, Finkelmeier W, McCabe DP (1986) Needle aspiration biopsy of major salivary gland tumors. Its value. Cancer 57: 554–557

Diskussionsbemerkungen

Wustrow (Kiel): Wir haben in Kiel mittlerweile 5 Jahre Erfahrung mit der Feinnadelbiopsie gesammelt. Zu Beginn lag die Quote der richtig positiven Befunde bei ca. 60%. Erst im Laufe der Jahre haben wir eine Trefferquote von 90% erreicht. Wir haben die Erfahrung gemacht, daß die besten Ergebnisse erzielt werden, wenn der Pathologe und nicht der Kliniker die Biopsie durchführt. Wer punktiert bei Ihnen?

Feichter (Heidelberg): Wir benutzen das skandinavische Modell nicht. Bei uns in Heidelberg punktiert der Kliniker, der auch die Indikation stellt. Hinsichtlich des Anstiegs der Trefferquote im Laufe der Zeit haben wir ähnliche Erfahrungen wie Sie gesammelt.

Weidauer (Heidelberg): Sehen Sie für die Zukunft Möglichkeiten, daß immunzytochemische Untersuchungen für die Zytologie ähnliche Bedeutung gewinnen wie das für die Histopathologie bereits der Fall ist?

Feichter (Heidelberg): Ich glaube, daß immunzytochemische Methoden bald zunehmend an Bedeutung gewinnen werden. Fragestellungen gibt es ausreichend. So wäre es z.B. für die Parotiszytologie von Bedeutung, wenn man mit Hilfe dieser Methode Myoepithelien eindeutig auf dem Objektträger identifizieren könnte. Eigene Erfahrungen in dieser Richtung haben wir allerdings bislang noch nicht gesammelt.

Seifert (Hamburg): Im ersten Parotispunktat, das Sie im Dia zeigten, fanden sich auffallend geschwollene Zellen. Haben Sie einmal versucht, das morphometrisch zu erfassen? Es hätte das Bild einer Sialadenose sein können.

Feichter (Heidelberg): Ich stimme Ihnen zu. Es hätte tatsächlich das Bild einer Sialadenose sein können. Wir haben mit der Abgrenzung dieses Krankheitsbildes gelegentlich Probleme. Eine morphometrische Auswertung wird dadurch erschwert, daß die Zellen durch die Aspiration nicht selten deformiert werden. Zudem haben wir oft das Problem, daß ganze Gewebepartikel aspiriert und uns als dreidimensionale Zellkomplexe geliefert werden. Hier Kern und Protoplasma exakt abzugrenzen ist mitunter schwierig.

Szintigraphie der großen Kopfspeicheldrüsen

H. BIHL[1] und H. MAIER[2]

Szintigraphische Untersuchungen der Kopfspeicheldrüsen können mit verschiedenen Radionukliden und in unterschiedlichen Techniken durchgeführt werden. Harper et al. [11] haben bereits 1962 das Radiopharmakon Technetium-99m-Pertechnetat (Tc-99m-PTT) als potentiellen Tracer zur Speicheldrüsenszintigraphie beschrieben. Über die ersten klinischen Einsatzmöglichkeiten der statischen Speicheldrüsenszintigraphie mit Tc-99m-PTT wurde bald darauf von Börner et al. berichtet [6]. In den frühen 70-ger Jahren wurde dann – bei Verfügbarkeit von Computersystemen mit Oneline-Datenaquisitionseinheiten – eine Sequenz- und Funktionsszintigraphie der Speicheldrüsen mit Tc-99m-PTT möglich. Diese Funktionsszintigraphie war in der Lage, das Akkumulations- und Exkretionsverhalten der großen Kopfspeicheldrüsen in Form von Zeitaktivitätskurven zu objektivieren. Biologische Grundlage der Tc-99m-PTT-Speicheldrüsenszintigraphie ist die Fähigkeit der Speicheldrüsen, Elemente der 7. Gruppe des Periodensystems, also auch Tc-99m, aktiv zu speichern. Nach Untersuchungen von Börner et al. [7] konzentrieren die Speicheldrüsen das Pertechnetat etwa mit dem Faktor 100 aus dem Serum.

Während die Bedeutung der morphologischen Diagnostik durch die Speicheldrüsenszintigraphie kaum noch klinische Bedeutung besitzt (andere bildgebende Verfahren von besserer Detailauflösung: Sonographie, Sialographie, Computertomographie, Kernspintomographie usw.), hat die Speicheldrüsenfunktionsszintigraphie mit Tc-99m-PTT unverändert ihren klinischen Stellenwert behalten. Insbesondere in der Tumordiagnostik kommt der funktionellen Speicheldrüsenuntersuchung Bedeutung bei der Erfassung von Abflußbehinderungen oder der Darstellung von Restparenchym nach Tumorexstirpation zu. Auch in der Nachsorge des differenzierten Schilddrüsenkarzinoms nach Radiojodtherapie ist die Speicheldrüsenfunktionsszintigraphie ein bewährtes, nicht-invasives Verfahren zur Erfassung radiogener Hyposialien.

In zahlreichen Studien konnte gezeigt werden, daß die szintigraphischen Befunde bei den unterschiedlichen Speicheldrüsenerkrankungen zwar charakteristisch aber nicht spezifisch sind. Deshalb gilt generell, daß zur Interpretation von Tc-99m-PTT-Speicheldrüsenszintigraphien immer der vollständige klinische Kontext des betreffenden Patienten miteinzubeziehen ist. Die Speicheldrüsenfunktionsszintigraphie ist eine einfach durchzuführende Untersuchungsmethode: Dem

---

[1] Abt. für Klinische Nuklearmedizin der Universität, Im Neuenheimer Feld, D-6900 Heidelberg
[2] Kopfklinikum, Universitäts-HNO-Klinik, Im Neuenheimer Feld, D-6900 Heidelberg

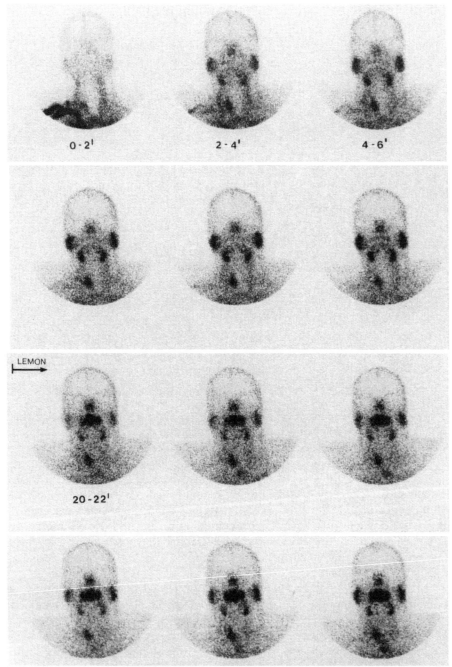

Abb. 1a, b. Funktionsszintigraphie der großen Kopfspeicheldrüsen mit 74 MBq (2 mCi) Tc-99m-PTT. Normalbefund. **a** Kamerabildsequenz (1 Bild/2 min): Akkumulationsphase von 0–20′ p.i.; dann gustatorischer Reiz mit 2 ml Zitronensaft (⊢⟶); Sekretionsphase ab 20′ p.i.; **b** Aktivitäts-Zeitkurven der Parotiden u. Submandibularen, mit ROI-Technik generiert

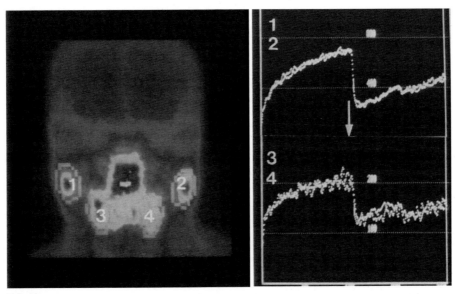

Abb. 1 b

Patienten werden unter der Gammakamera 2 mCi Tc-99m-PTT i.v. injiziert und mit einem nachgeschalteten Computersystem eine Bildsequenz mit einer zeitlichen Auflösung von z.B. 1 Bild pro Minute registriert. Ca. 10 Minuten vor Untersuchungsende erfolgt ein standardisierter oraler Reiz (z.B. 2 ml Zitronensaft). Mit Hilfe von ROI-Techniken kann dann für jede der großen Kopfspeicheldrüsen eine Zeitaktivitätskurve generiert werden, welche die Akkumulationsfähigkeit und exkretorische Leistung des Drüsenparenchyms charakterisiert. Abbildung 1 zeigt eine unauffällige Funktionsszintigraphie in den beiden möglichen Darstellungsformen: a) Kamerabildsequenz und b) abgeleitete Zeitaktivitätskurven.

In Tabelle 1 sind die möglichen Ursachen für eine fokale/diffuse Mehranreicherung bzw. Minderanreicherung des Tc-99m-PTT in den Kopfspeicheldrüsen zusammengestellt. Abbildung 2, 3 und 4 zeigen ausgewählte szintigraphische Befunde bei chronisch rezidivierender Parotitis, bei Zystadenolymphom und bei pleomorphem Adenom.

Neben der Speicheldrüsenszintigraphie mit Tc-99m-PTT wurde in neuerer Zeit auch das Radionuklid Gallium-67 zur Darstellung der Speicheldrüsen bzw. ihrer Erkrankungen eingesetzt. Aufgrund der Akkumulation von Gallium in metabolisch und mitotisch aktivem Gewebe (12, 25) erscheint die Galliumszintigraphie als diagnostisches Verfahren zum Nachweis und zur Lokalisation von malignen Tumoren [2, 17] und entzündlichen Prozessen [13, 15] vielversprechend. Die Wertigkeit dieses Verfahrens muß jedoch aufgrund des unspezifischen Gallium-Akkumulationsverhaltens erst noch genauer evaluiert werden. Im Bereich der großen Kopfspeicheldrüsen ist die differentialdiagnostische Interpretation von Galliumanreicherungen insofern besonders schwierig, als hier eine Vielzahl von benignen (tumorösen, entzündlichen) und auch malignen Erkrankungen in Betracht kommt

Tabelle 1. Die häufigsten möglichen Ursachen fokaler/diffuser Tc-99m-PTT Mehr- bzw. Minderspeicherung der großen Kopfspeicheldrüsen. Modifiziert nach [28]

Erkrankungen	Fok./diff. Mehrspeicherung	Fok./diff. Minderspeicherung
Zystadenolymphom	+	
Akute Parotitis	+	
Chron. rezidiv. Parotitis	+	
Parotismischtumor		+
Speicheldrüsenkarzinom		+
Abszeß		+
Metastase		+
Zyste		+
Mumps		+
Z. n. Strahlentherapie		+
Obstrukt. Sialolithiasis		+
Kongenitale Aplasie		+
Akute, purulente Parotitis		+

und darüber hinaus auch Gallium physiologischerweise aufgenommen wird. Unter diesem Aspekt wurde von unserer Arbeitsgruppe bei 59 Patienten eine prospektive Studie durchgeführt, um das Speicherverhalten der verschiedenen Speicheldrüsenerkrankungen zu analysieren und die klinische Wertigkeit der Galliumszintigraphie hierbei zu bestimmen.

Patientengut und Methode

Die Gallium-Szintigraphie wurde im Rahmen einer prospektiven Studie an 59 Patienten (24 männlich, 35 weiblich, Alter zwischen 27 und 79 Jahren) mit Speicheldrüsenerkrankungen mit dem Ziel durchgeführt, zusätzliche Aussagen über das Krankheitsgeschehen vor einem invasiven diagnostischen Eingriff zu erhalten. Bei allen diesen Patienten war eine definitive Diagnose anhand vorausgegangener HNO-spezifischer Untersuchungen nicht möglich gewesen.

Es wurden 100–150 MBq, entsprechend 1,85 MBq/kg Körpergewicht, ^{67}Ga-Zitrat i.v. appliziert. 24 und 48, fallweise auch 72 h, p.i. wurden szintigraphische Aufnahmen der Kopf- und Halsregion von AP und lateral angefertigt. Bestand die Verdachtsdiagnose einer systemischen Erkrankung, so erfolgten entsprechend Zusatzaufnahmen von Thorax und Abdomen.

Ein Gammakamerasystem mit Mittelenergiekollimator, das die simultane Registrierung der 93-, 184 und 296-keV-Photo-Peaks von ^{67}Ga erlaubte, wurde für die szintigraphischen Aufnahmen verwendet.

Als pathologischer (d.h. positiver) Gallium-Scan wurde gewertet, wenn auf den AP-Bildern eine gegenüber dem Untergrund deutlich erhöhte fokale Nuklidakkumulation in den Kopfspeicheldrüsen vorlag. Eine weitergehende Graduierung der Gallium-Speicherung wurde nicht vorgenommen.

Szintigraphie der großen Kopfspeicheldrüsen

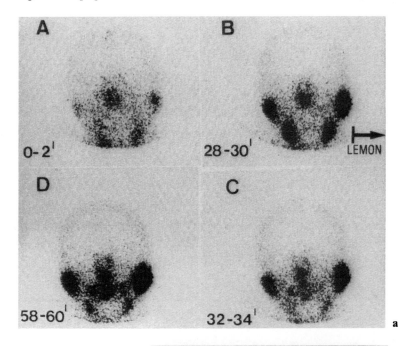

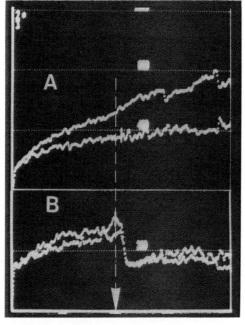

Abb. 2 a, b. Patient mit chron. rezidivierender Parotitis bds. **a** Ausgewählte Kamerabilder der Funktionsszintigraphie: Ausgeprägte Sekretionshemmung der Parotiden bds. nach gustatorischem Reiz (⊢──▶). Unauffälliges Funktionsverhalten der Submandibularen. **b** Zugehörige Aktivitäts-Zeitkurve. *A:* Parotiden, *B:* Submandibularen. Nach Reiz (⊢──▶) fehlende Abnahme der Aktivität in den Parotiden. Regelrechtes Aktivitäts-Zeitverhalten der Submandibularen

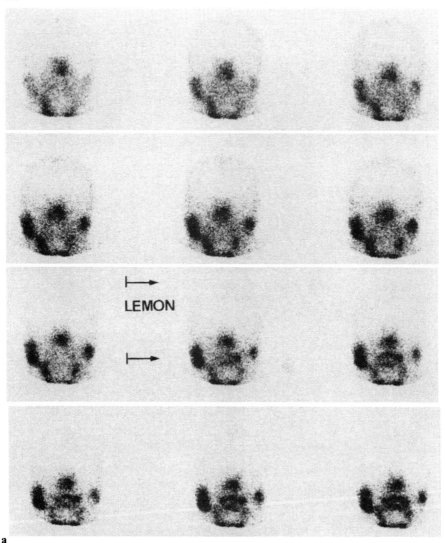

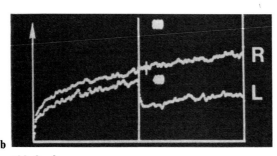

Abb. 3a, b

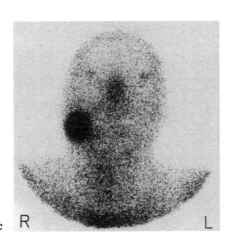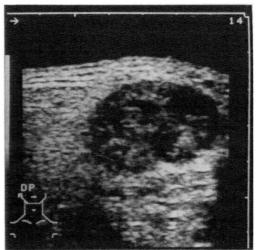

c R L d

Abb. 3a–d. 69jähriger Patient mit weicher, indolenter Schwellung der re. Parotis. Histologie: Zystadenolymphom. **a** und **b** Kamerafunktionsszintigraphie mit Tc-99m-PTT und zugehörige Aktivitäts-Zeitkurven der Parotiden. Durch den Parotistumor re kommt es zu keiner Sekretion bzw. Exkretion des Radiopharmakons nach Reiz. **c** Gallium-Szintigramm der Kopf-/Halsregion AP: intensiver Speicherherd über der re. Parotis. **d** Sonogramm (5 MHz) der re. Parotis: Glatt begrenzte Raumforderung mit inhomogenem Reflexmuster, wie es auch beim pleomorphen Adenom gefunden werden kann. Somit sonographisch keine Differenzierung dieser beiden häufigsten benignen Parotistumoren möglich

Resultate

Klinische Diagnose und Gallium-szintigraphische Befunde der untersuchten Patienten sind in Tabelle 2 dargestellt. Von den 59 durchgeführten Gallium-Scans waren 34 positiv (58%), davon 24 einseitig und 10 beidseitig.

Sämtliche Patienten mit *Sialadenose* zeigten keinen pathologischen Galliumbefund. Die untersuchten *chronisch rezidivierenden Parotitiden* wiesen mit einer Ausnahme eine pathologische Speicherung auf. In allen Fällen von *Parotis/Submandibularis-Tuberkulose* bzw. *-Sarkoidose* war der Gallium-Scan pathologisch. In zwei Fällen hiervon handelte es sich um eine isolierte, primäre Parotis- bzw. Submandibularis-Tuberkulose [4], in einem Fall war eine beidseitige Parotisschwellung das erste klinische Symptom einer auch intrapulmonal ausgeprägten Sarkoidose (Abb. 5). Bei den 3 Patienten mit *postradiogener Sialadenitis* fand sich jeweils ein positives Parotis-Szintigramm. Galliumpositive Scans lagen bei *Elektrolyt-Sialadenitis* in 2 von 5 Fällen (submandibulär), bei *myoepithelialer Sialadenitis* in 3 von 5 Fällen vor. In einem Fall zeigte sich beim Vollbild eines Sjögren-Syndroms eine diffuse Lungenbeteiligung bei unauffälligem Röntgen-Thorax-Befund.

Die *pleomorphen Adenome* wiesen in keinem Fall eine pathologische Galliumanreicherung auf, während sämtliche *Zystadenolymphome* einen deutlich patholo-

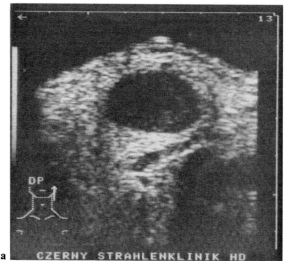
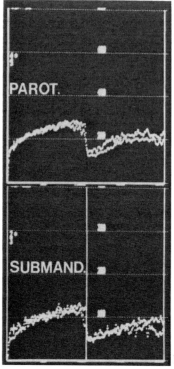

Abb. 4a, b. 3 × 2 × 2 cm messendes pleomorphes Adenom der li Parotis. **a** Sonogramm (5 MHz) der li Parotis: glatt begrenzte Raumforderung mit inhomogenem, echoarmem Binnenreflexmuster. **b** Aktivitäts-Zeitkurven der großen Kopfspeicheldrüsen bei der Kamerafunktionsszintigraphie mit Tc-99m-PTT: Unauffälliges Akkumulations- und Exkretionsverhalten, auch der li Parotis.; das pleomorphe Adenom li hat die Sekretionsreserven der li Parotis noch nicht erschöpft und auch nicht zur Obstruktion der Ausführungsgänge geführt

gischen Herdbefund ergaben (Abb. 3). Von den 8 untersuchten *malignen Tumoren* fand sich in 6 Fällen ein pathologischer Gallium-Scan, der in einem Fall auch zervikale Metastasen darstellte.

Diskussion

Die wesentlichen Indikationen für die Gallium-Szintigraphie sind Staging und Restaging von malignen Tumoren [2, 17], insbesondere bei malignen Lymphomen [1, 18], sowie Fokussuche bei entzündlichen und granulomatösen Prozessen [13, 14, 30]. Insbesondere bei der Tumordarstellung ist aufgrund der fehlenden Spezifität der Gallium-Akkumulation gelegentlich mit falsch-positiven Ergebnissen zu rechnen. Dies trifft in besonderem Maße auf die großen Kopfspeicheldrüsen zu [5], die schon physiologischerweise eine Gallium-Anreicherung zeigen. In der vor-

Szintigraphie der großen Kopfspeicheldrüsen

Tabelle 2. Diagnosen und szintigraphische Befunde

Diagnosen	Anzahl untersuchter Patienten	Anzahl pathologischer Ga-Scans	Lokalisation des pathologischen Ga-Befundes: *u*nilateral, *b*ilateral, *P*arotis, *S*ubmandibularis, *L*unge
Sialadenose	7	0	–
Akut purulente Sialadenitis	1	1	1 × uP
Chron. rezidiv. Sialadenitis	7	6	4 × uP, 2 × bP
Tuberkulose	2	2	1 × uP, 1 × uS
Epitheloidzellige Sialadenitis (Sarkoidose)	4	4	1 × uS, 1 × uS, 1 × bP, 1 × bP und L
Virussialadenitis	1	0	–
Postradiogene Sialadenitis	3	3	2 × bP, 1 × uP
Elektrolyt-Sialadenitis	5	2	2 × bS
Myoepitheliale Sialadenitis = Autoimmun S. (Sjögren-Syndrom)	5	3	1 × bP, 1 × uP und uS, 1 × bP und L
Non-Hodgkin-Lymphom (Immunozytom)	1	1	1 × uP
Pleomorphes Adenom	9	0	–
Zystadenolymphom	5	5	5 × uP
Maligne epitheliale Tumore	8	6	6 × uP
Metastase eines MM	1	1	1 × uP

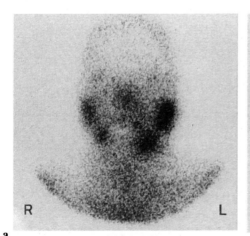 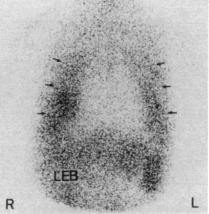

Abb. 5a, b. 32jährige Patientin mit harter Schwellung beider Parotiden (li > re). Histologie. Sarkoidose. Gallium-Szintigramm (**a**) der Kopf-/Halsregion AP mit linksbetonter Nuklidspeicherung der großen Kopfspeicheldrüsen; **b** des Thorax AP: diffuse beidseitige Ga-Speicherung über dem Lungenparenchym bei unauffälligem Rö-Thorax

liegenden Studie solle deshalb das Gallium-Speicherverhalten bei den wichtigsten Erkrankungen der großen Kopfspeicheldrüsen untersucht werden.

Die Patienten mit *Sialadenitis* zeigten in keinem Fall eine pathologische Gallium-Anreicherung. Dies steht in Einklang mit der nicht-entzündlichen Natur dieses Krankheitsbildes, dessen Ätiologie weitgehend unbekannt ist, bei dem jedoch eine Assoziation mit endokrinen Störungen als gesichert gilt. Hier liefert die Gallium-Szintigraphie keine richtungsweisenden Befunde, so daß bei entsprechendem Verdacht die Suche nach systemischendokrinen Ursachen unumgänglich ist. *Chronisch rezidivierende Sialadenitiden,* bei denen bis auf eine Ausnahme in allen Fällen ein akuter Entzündungsschub vorlag, zeigten erwartungsgemäß eine positive Parotis-Akkumulation. Der einzige Fall eines negativen Gallium-Scans bei Zustand nach bekannter chronisch rezidivierender Parotitis (ehemals Galliumspeichernd) und Therapie mit einem Proteasen-Inhibitor (Trasylol) deutet auf die Möglichkeit einer Therapiekontrolle/-dokumentation mit Hilfe der Gallium-Szintigraphie bei diesem Krankheitsbild hin.

Die Akkumulation von ^{67}Ga in aktiven granulomatösen Prozessen wie bei der *Tuberkulose* [27, 30] und *Sarkoidose* [14] wurde mehrfach beschrieben, auch bei extrapulmonaler Manifestation [4, 23, 31]. Dies traf auch bei den von uns untersuchten Patienten mit Tuberkulose- und Sarkoidose-Manifestation der Kopfspeicheldrüsen zu, wobei darüber hinaus in einem Fall eine diffuse Lungenspeicherung bei unauffälligem Röntgen-Thorax-Befund nachgewiesen werden konnte (Abb. 5); dies steht in Einklang mit der aus der Literatur [20] bekannten hohen Sensitivität der Gallium-Szintigraphie bei diffusen Lungenerkrankungen.

Die Galliumspeicherung der drei Fälle mit *postradiogener Sialadenitis* [3, 19] ist im Sinne eines chronisch entzündlichen Geschehens auf vaskulärer und zellulärer Ebene zu deuten [22].

Die *Elektrolyt-Sialadenitis* zeigte nur in 2 von 5 Fällen ein positives Gallium-Szintigramm, was durch den unterschiedlichen Ausprägungsgrad der periduktalen entzündlichen Veränderungen bei diesem Krankheitsbild erklärbar ist. Auch bei der *myoepithelialen Sialadenitis* ergaben sich lediglich in 3 von 5 Fällen positive Galliumbefunde. Bei bekannter Affinität des Nuklids zu Lymphozyten in vitro [21] dürften diese unterschiedlichen Ergebnisse auf die verschiedenen Ausprägungsgrade der lymphozytären Infiltration zurückzuführen sein [9]. Auch hier zeigte ein Patient eine diffuse intrapulmonale Galliumspeicherung bei unauffälligem Röntgen-Thorax, als möglicher Hinweis auf eine subklinische pulmonale Manifestation dieser Autoimmunerkrankung [29].

Erwartungsgemäß zeigte sich auch bei dem Patienten mit *Non-Hodgkin-Lymphom*-Befall der Parotis ein positiver Galliumbefund. Es handelte sich hierbei um ein Immunozytom, das sich auf dem Boden eines Sjögren-Syndroms entwickelt hatte. Diese Art der malignen Transformation wurde mehrfach beschrieben [24] und sollte bei entsprechendem klinischen Kontext in die differentialdiagnostischen Überlegungen eingezogen werden.

Bei den gutartigen *epithelialen Speicheldrüsentumoren* in unserer Serie fand sich beim *pleomorphen Adenom* in keinem Fall eine positive Gallium-Akkumulation, während diese bei allen *Zystadenolymphomen* (Abb. 3) sehr ausgeprägt war. Dieser Gallium-Uptake in den Zystadenolymphomen erklärt sich einerseits aus deren großem lymphoiden Anteil [21], andererseits aus einer Gallium-Akkumulation in den durch onkozytär differenzierte Epithelien gebildeten Hohlräumen, die keine Verbindung zum Ausführungsgangsystem der Drüsen haben [26].

Bei den *malignen Speicheldrüsentumoren* unserer Serie wiesen 6 von 8 eine positive Galliumspeicherung auf, was etwa den Ergebnissen von Garcia [10] entspricht, der in 75% eine positive Darstellung angibt. Auffällig hierbei, wie auch in unserer Serie, ist, daß sämtliche *Adenokarzinome* gallium-positiv sind. Im Vergleich zu den anderen malignen Parotistumoren produzieren Adenokarzinome ein vielfaches an Lactoferrin [8]. Die Affinität von ^{67}Ga zu Lactoferrin ist mehrfach gezeigt worden [16] und liefert eine mögliche Erklärung für die Aufnahme dieses Radionuklids durch Adenokarzinome der Kopfspeicheldrüsen.

Die vorgestellten Ergebnisse zeigen, daß unterschiedliche Speicheldrüsenerkrankungen ein identisches Gallium-Speicherverhalten aufweisen. Erwartungsgemäß ist dies bei entzündlichen Erkrankungen mit der Akuizität und dem Ausprägungsgrad der entzündlichen Veränderungen korreliert; damit ergibt sich hier mit Hilfe der Gallium-Szintigraphie die Möglichkeit einer nichtinvasiven Verlaufskontrolle. Eine weitere differentialdiagnostische Zuordnung solcher auf der Basis entzündlicher und/oder granulomatöser Prozesse entstandener Gallium-Akkumulationen ist i.a. nicht möglich. Eine gleichzeitig vorhandene extraglanduläre Gallium-Speicherung kann jedoch durchaus richtungsweisende Bedeutung besitzen.

Bei den benignen Tumoren zeichnet sich eine Unterscheidungsmöglichkeit zwischen *pleomorphem Adenom* und *Zystadenolymphom* ab. Bei *malignen Tumoren* weist das *Adenokarzinom* ein herausragendes Speicherverhalten auf; inwieweit dies jedoch differentialdiagnostisch zuverlässig ist, läßt sich aufgrund der geringen Fallzahl in der vorliegenden Studie noch nicht abschließend beurteilen.

Literatur

1. Andrew GA, Hubner KF, Greenlaw RH (1978) Gallium-67-citrate imaging in malignant lymphoma: Final report of cooperative group. J Nucl Med 19: 1013–1019
2. Bekerman C, Hoffer PB, Bitran JD (1985) The role of gallium-67 in the clinical evaluation of cancer. Semin Nucl Med 15: 72–103
3. Bekerman C, Hoffer PB (1976) Salivary gland uptake of ^{67}Ga-citrate following radiation therapy. J Nucl Med 17: 685–687
4. Bihl H, Maier H (1987) Unilateral gallium-67 uptake in primary tuberculosis of the major salivary glands. Clin Nucl Med 12: 650–653
5. Bihl H, Kimmig B (1987) Falsch positive Befunde der Gallium-67-Szintigraphie beim Staging/Restaging von malignen Lymphomen. Fortschr Röntgenstr 146: 172–177
6. Börner W, Grünberg H, Moll E (1965) Die szintigraphische Darstellung der Kopfspeicheldrüsen mit ^{99m}Tc. Med Welt 42: 2378
7. Börner W, Moll E, Bayer H (1967) Die Bedeutung von ^{99m}Tc für die nuklearmedizinische Lokalisationsdiagnostik. Radioisotope in der Gastroenterologie. Schattauer, Stuttgart, S 305
8. Caselitz J, Jamp T, Seifert G (1981) Lactoferrin and lysozymes in carcinomas of the parotid gland. A comparative immuno-cytochemical study with the occurance in normal and inflamed tissue. Virchows Arch Path Anat 394: 61
9. Collius RD, Ball GV, Logic JR (1984) Gallium-67 scanning in Sjögren's syndrome. J Nucl Med 25: 299–302

10. Garcia RR (1974) Differential diagnosis of tumors of the salivary glands with radioactive isotopes. Int J Oral Surg 3: 330-334
11. Harper PV, Andros G, Lathrop K (1962) Preliminary observations in the use of ^{99m}Tc as a tracer in biology and medicine. Argonne Cancer Research Hospital, Semiannual Report to the AEC 18: 76
12. Hayes RL, Carlton JE (1973) A study of the macromolecular binding of ^{67}Ga in normal and malignant animal tissues. Cancer Res 33: 3265-3272
13. Henkin RE (1978) Gallium-67 in the diagnosis of inflammatory disease. In: Gallium-67 Imaging (Hoffer PB, Bekerman C, Henking RE eds), John Wiley&Sons, New York, p 65
14. Heshiki A, Schatz SL, McKusick KA et al. (1974) Gallium 67 citrate scanning in patients with pulmonary sarcoidosis. Amer J Roentgenol 122: 744-749
15. Hoffer PB (1981) Use of gallium-67 for detection of inflammatory disease. A brief review of mechanism and clinical applications. Int J Nucl Med Biol 8: 243
16. Hoffer PB, Huberty J, Khayam-Bashi J (1977) The association of Ga-67 and lactoferrin. J Nucl Med 18: 713-717
17. Johnston GS (1981) Clinical application of gallium in oncology. Int J Nucl Med Biol 8: 249-255
18. Johnston GS, Go MS, Benua RS et al. (1977) Gallium-67-citrate imaging in Hodgkin's disease: Final report of cooperative group. J Nucl Med 18: 692-698
19. Lentle BC, Jackson FI, McGowan DG (1976) Localization of gallium-67 citrate in salivary glands following radiation therapy. J Canad Assoc Radiol 27: 89-91
20. MacMahon H, Bekerman C (1978) The diagnostic significance of gallium lung uptake in patients with normal chest radiographs. Radiology 127: 189-193
21. Merz T, Malmud L, McKusick K et al. (1974) The mechanism of ^{67}Ga association with lymphocytes. Cancer Res 34: 2495-2499
22. Rubin P, Casarett GW (1968) Clinical Radiation Pathology, Chap 7. WB Saunders, Philadelphia
23. Sarkar SD, Ravikrishnan KP, Woodbury DH, Carson JJ, Daley K (1979) Gallium-67 citrate scanning – A new adjunct in the detection and follow-up of extrapulmonary tuberculosis. J Nucl Med 20: 833-836
24. Schmid U, Helbron D, Lennert K (1982) Development of malignant lymphoma in myoepithelial sialadenitis (Sjögren-syndrome). Virchows Arch Path Anat 395: 11
25. Schwarzendruber DC, Nelson B, Hayes RL (1971) ^{67}Ga localization in lysosomallike granules of leukemic and nonleukemic murine tissues. J Natl Cancer Inst 46: 941-952
26. Siddiqui AR, Weisberger EC (1981) Possible explanation of appearance of Warthin's tumor on I-123 and Tc-99m-pertechnetate scans. Clin Nucl Med 6: 258-260
27. Siemsen JK, Grebe SF, Sargent EN et al. (1976) Gallium-67 scintigraphy of pulmonary diseases as a complement to radiography. Radiology 118: 371-375
28. Stadalnik RC, Chaudhuri TK (1980) Salivary gland imaging. Seminars in Nuclear Medicine X (No 4): 400
29. Strimlan CV, Resenow EC, Divertie MB et al. (1976) Pulmonary manifestations of Sjögren's syndrome. Chest 70: 354-361
30. Thadepalli H, Rhambhata K, Mishkin FS et al. (1977) Correlation of microbiologic findings and ^{67}gallium scans in patients with pulmonary infections. Chest 72: 442-448
31. Wiener SL, Patel BP (1979) ^{67}Ga-citrate uptake by the parotid glands in sarcoidosis. Radiology 130: 753-755

Diskussionsbemerkungen

Maier (Heidelberg): Wie erklären Sie sich die Akkumulation des Galliums in dem Zystadenolymphom? Es liegt hierbei keine ausgedehnte entzündliche Reaktion vor. Es liegt kein rasch wachsender Tumor vor.

Bihl (Heidelberg): Es ist tatsächlich so, daß sich Gallium normalerweise nur in Entzündungsgebieten und malignen Tumoren anreichert. Wir gehen davon aus, daß es sich hier um eine Akkumulation in den zystoiden Strukturen oder in der Zystenflüssigkeit handelt.

Maier (Heidelberg): Wie hoch ist denn die Strahlenbelastung bei einer derartigen Akkumulation von Gallium?

Bihl (Heidelberg): Die Frage kann ich auf Anhieb nicht exakt beantworten. Normalerweise werden 3 mCi verabreicht. Die Ermittlung der Gesamtstrahlendosis wird jedoch durch die vergleichsweise lange Verweildauer beim Zystadenolymphom kompliziert. Das müßte man ausrechnen.

Münzel (Hamburg): Nicht nur das ^{67}Gallium sondern auch das ^{99}Technetium wird in den Zystadenolymphomen angereichert. Allerdings erfolgt die Anreicherung dieses Isotops nicht in den zystischen Strukturen, sondern in den Zellen selbst. Haben Sie dafür eine Erklärung?

Bihl (Heidelberg): Ich muß nochmals daraufhinweisen, daß wir nicht bewiesen haben, daß Gallium in den zystischen Strukturen akkumuliert. Es handelt sich hierbei um eine Hypothese. Autoradiographische Untersuchung, die zur weiteren Abklärung erforderlich wären, lassen sich mit Gallium wegen der relativ hohen Energie nur sehr schwer durchführen. Es kann also nicht ausgeschlossen werden, daß in Wirklichkeit ähnliche Verhältnisse vorliegen wie beim Technetium.

Die Ultraschalldiagnostik benigner und maligner Parotistumoren

J. HAELS[1] und T. LENARZ[2]

Einleitung

Für die präoperative Diagnostik von Speicheldrüsenneoplasien bezüglich ihrer Größe, Lage und Art des Tumors standen bisher neben der Erhebung des klinischen Befundes im wesentlichen radiologische und bioptische Methoden zur Verfügung.

Durch die Entwicklung hochauflösender smallparts Real-time Ultraschall-Scanner und technologische Verbesserungen in der akustischen Signalverarbeitung läßt sich insbesondere die oberflächlich gelegene Glandula parotis zweidimensional, überlagerungsfrei und detailreich darstellen.

Während im allgemeinen entzündliche Erkrankungen der Ohrspeicheldrüsen durch die Sialographie und Feinnadelpunktion sowie Sialometrie und -chemie hinreichend differentialdiagnostisch abgeklärt werden können, wurde in den letzten Jahren in einer Reihe von Fallmitteilungen [1, 2, 13] auf den positiven Einsatz der hochauflösenden Sonographie in der präoperativen Diagnostik von Parotistumoren hingewiesen. Berichte über Untersuchungsergebnisse anhand größerer Fallzahlen wurden bisher dagegen nur vereinzelt mitgeteilt [8, 10].

In der vorliegenden prospektiven Studie haben wir die Befunde der hochauflösenden Real-time Sonographie bei verschiedenen Tumoren der Parotis analysiert. Echomorphologische Kontur- und Strukturmerkmale wurden analysiert und, sofern möglich, mit den Operationsergebnissen sowie den histologischen Befunden verglichen.

Patientengut und Methodik

In einer prospektiven Studie wurden 65 Patienten, 35 Männer und 30 Frauen mit einem Durchschnittsalter von 48 Jahren mit der Verdachtsdiagnose Parotistumor präoperativ untersucht. Im einzelnen wurden durchgeführt:

- klinische Untersuchung
- Sialographie
- Sonographie.

---

[1] Rozendijk 12, B-3580 Neerbelt
[2] Kopfklinikum, Universitäts-HNO-Klinik, Im Neuenheimer Feld 400, D-6900 Heidelberg

Die Parotis wurde von uns mit einem Real-time High-resolution Scanner mit 5 MHz Schallkopf unter Verwendung einer Wasservorlaufstrecke zur Ausschaltung des Nahfeldes untersucht.

Die sonographische Befundung erfolgte nach folgenden Kriterien:
1. Form, Größe sowie Lokalisation des Tumors
2. Strukturbegrenzung des Tumors: scharf/unscharf/infiltrierend wachsend
3. Reflexverhalten: echoreich/hyporeflexibel/echoarm/echofrei
4. Echotextur: homogen-feine/homogen-vergrößerte/irreguläre Binnenechos.

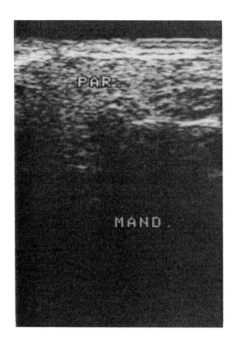

Abb. 1. Sonographisches Bild der normalen Glandula parotis im Transversalschnitt. Rechts vom Drüsengewebe (PAR.) liegt der Masseteransatz, links der Ansatz des M. sternocleidomastoideus. Oberhalb der Drüse zeichnen sich die Hautschichten ab. Mand: Schallschatten des aufsteigenden Unterkieferastes

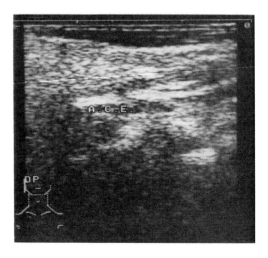

Abb. 2. Normale Drüse im Längsschnitt. Unterhalb des Drüsenparenchyms stellt sich die A. carotis externa dar (ACE)

Die Ultraschalldiagnostik beniger und maligner Parotistumoren

Ergebnisse

Echomorphologie der normalen Drüse (Abb. 1 u. 2)

Im Ultraschallbild zeigt sich die normale Ohrspeicheldrüse als ein relativ glatt begrenztes Organ mit homogener Echotextur. Der dünnere Abschnitt der Drüse liegt dem hinteren Teil des M. masseter auf, während sich der Hauptanteil in der Fossa retromandibularis hinter dem aufsteigenden Unterkieferast befindet. Das sich in mittleren bis helleren Grauwerten darstellende Drüsenparenchym hebt sich im Transversalschnitt kontrastreich von dem mehr ventral gelegenen M. masseter und der Mandibula sowie dem mehr dorsal lokalisierten Ansatz des M. sternocleidomastoideus ab. Im Längsschnitt über die Fossa retromandibularis läßt sich die tiefer medial gelegene A. carotis externa gut erkennen.

Der N. facialis ist ebenso wie der normale, nicht dilatierte Ductus parotideus sonographisch nicht darstellbar. Ebenso wenig können die intra- und periglandulären, pathologisch nicht veränderten Lymphknoten erfaßt werden, da diese die gleiche akustische Impedanz wie das Drüsenparenchym aufweisen.

Echomorphologie der Speicheldrüsentumoren

Pleomorphe Adenome (Abb. 3, 4 u. 5)

Das pleomorphe Adenom macht den Großteil der benignen Tumoren aus. Mischtumoren der Ohrspeicheldrüsen stellen sich sonographisch als solitäre, glatt begrenzte – selten sieht man eine gelappte Berandung – Raumforderung dar. Ihr Reflexverhalten ist hyporeflexibel, so daß sie gut kontrastiert im reflexreichen nor-

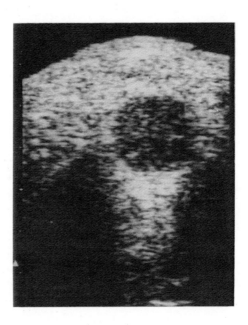

Abb. 3. Pleomorphes Adenom. Bei glatter Konturbegrenzung zeigen sich homogen feine bis mittelgroße Binnenechos und eine deutliche dorsale Schallverstärkung

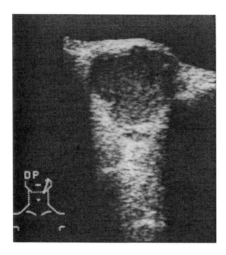

Abb. 4. Pleomorphes Adenom mit gelappter Berandung

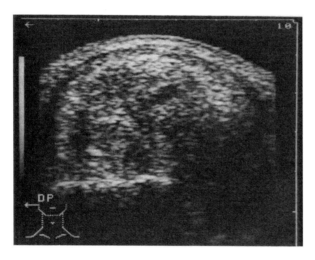

Abb. 5. Ausgedehntes pleomorphes Adenom im Transversalschnitt

malen Drüsenparenchym abgrenzbar sind. Die Echotextur dieser Tumoren ist homogen mit feinen oder leicht vergrößerten Binnenechos. Zusätzlich findet sich meistens eine leichte dorsale Schallverstärkung. Selten kommen Mikro- oder Makrozysten innerhalb der Adenome vor.

Die wichtigste Differentialdiagnose stellt der vergrößerte Parotislymphknoten entzündlicher oder metastatischer Genese dar (Abb. 6). Es handelt sich dabei um sonographisch glatt begrenzte, hyporeflexible bis echoarme Raumforderungen mit leichter dorsaler Schallverstärkung. Die Differentialdiagnose wird durch den Nachweis multipler Raumforderungen in der Drüse sowie den Nachweis von Lymphknoten im Bereich des Halses erleichtert.

Das Lipom der Parotisregion ist durch eine unscharf begrenzte Berandung und ein, in typischer Weise dem Fettgewebe entsprechenden hyporeflexiblen Reflexmuster mit regulär eingestreuten größeren Binnenechos gekennzeichnet (Abb. 7).

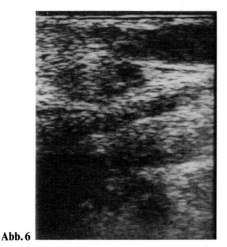 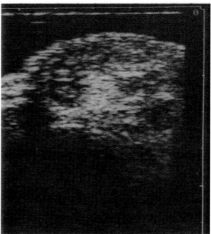

Abb. 6. Solitär vergrößerte Lymphknoten im unteren Parotispol bei bekanntem malignen Lymphom

Abb. 7. Lipom, dem normalen Drüsenparenchym der rechten Parotis aufliegend

Zystadenolymphome (Abb. 8)

Die Zystadenolymphome, welche multipel und bilateral auftreten können, sind die häufigsten flüssigkeitshaltigen Raumforderungen der Ohrspeicheldrüse. Diese Tumoren stellen sich sonographisch als glatt begrenzte, überwiegend solitäre Raumforderungen dar. Die Echogenizität ist deutlich geringer als die der reflexreichen normalen Drüse. Sonographisch können die Zystadenolymphome durch die inhomogene interne Echotextur mit mehreren echofreien zystischen Arealen typisiert werden. Innerhalb dieser zystischen Areale lassen sich bei höherer Schallverstärkung im Vergrößerungsbild manchmal echoarme papilläre Randbegrenzungen darstellen.

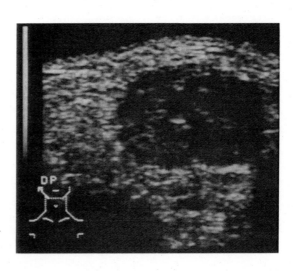

Abb. 8. Zystadenolymphom. Innerhalb des glatt begrenzten Tumors zeigen sich multiple zystische Areale

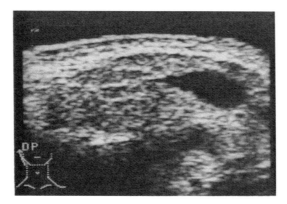

Abb. 9. Speichelgangzyste. Die glatt begrenzte Struktur zeichnet sich durch fehlende Binnenechos und eine geringe dorsale Schallverstärkung aus

Differential-diagnostisch kommen die zystische Sialektasie und die Speichelgangzyste (Abb. 9) in Frage. Letztere läßt sich jedoch vom Zystadenolymphom sonographisch ohne Schwierigkeit abgrenzen.

Maligne Tumoren

Zu den malignen Tumoren der Parotis gehören die Karzinome, welche die Hauptgruppe bilden, sowie die Mukoepidermoid- und Azinuszelltumoren. Bedingt durch das infiltrative Wachstum der Malignome sind die Tumorgrenzen eher polyzyklisch oder irregulär unscharf. Die malignen Raumforderungen zeigen ebenfalls, wie die benignen Prozesse, ein hyporeflexibles oder echoarmes Reflexverhalten. Typisch für die Karzinome (Abb. 10 u. 11) ist die inhomogene Echotextur. Gelegentlich finden sich innerhalb der Karzinome liquide Areale, die nekrotischen

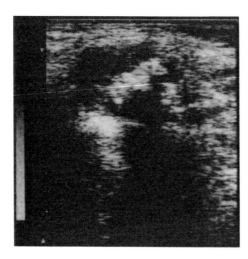

Abb. 10. Adenoid-zystisches Karzinom (Zylindrom). Der Tumor zeigt eine unscharfe Konturbegrenzung als Zeichen eines infiltrativen Wachstums. Zystisch nekrotische Areale wechseln sich mit irregulären Binnenechos und Verkalkungsherden ab

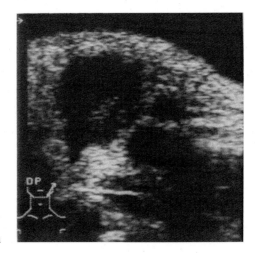

Abb. 11. Spinozelluläres Karzinom. Die unscharfe Konturbegrenzung weist auf das infiltrative Wachstum des Tumors hin

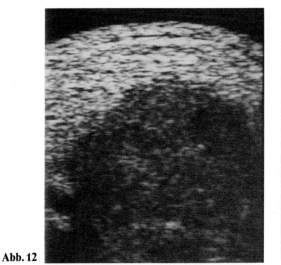

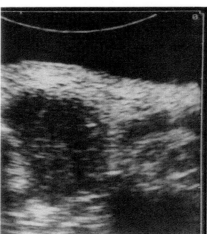

Abb. 12. Mukoepidermoidtumor. Sonographisch zeigt sich ein Tumor mit relativ unscharfer Konturbegrenzung und homogener Echotextur

Abb. 13. Azinuszelltumor. Tumoröse Raumforderung mit relativ unscharfer Konturbegrenzung und relativ irregulärem Reflexverhalten

Tumormassen entsprechen, sowie reflexogene Verkalkungen. Dagegen zeigen die Mukoepidermoid- (Abb. 12) und Azinuszelltumoren (Abb. 13) eine homogene Echotextur, so daß die Differentialdiagnose zum pleomorphen Adenom im Ultraschallbild manchmal schwierig ist.

Eine Übersicht über die von uns erhobenen Ergebnisse zeigen die Tabellen 1 und 2.

Tabelle 1. Echomorphologische Merkmale der häufigsten Parotistumoren

	Pleomorphe Adenome	Zystadeno-lymphome	maligne Tumoren	
			Karzinome	Mukoepider-moid-Azinuszell-tumoren
Tumorbegrenzung	glatt begrenzt	glatt begrenzt	irregulär unscharf begrenzt	relativ unscharf begrenzt
Reflexverhalten	hyporeflexibel	hyporeflexibel mit echofreien zystischen Arealen	hyporeflexibel echoarm	hyporeflexibel
Echotextur	homogen-feine oder leicht vergrößerte Binnenechos	inhomogen	sehr inhomogen	homogen-feine Binnenechos

Tabelle 2. (Erklärung siehe Text)

	Anzahl	Dignitätsbestimmung	
		Richtig	Falsch
– Benigne Parotistumoren			
Pleomorphes Adenom	25	21	4
Zystadenolymphom	12	10	2
– Parotislymphknoten	6	4	2
– Maligne Parotistumoren			
Karzinom	8	8	0
Mukoepidermoidtumor	5	3	2
Azinuszelltumor	4	2	2
	60	48	12

Tabelle 1 faßt die für die Sonographie charakteristischen Kontur- und Strukturmerkmale der häufigsten Parotistumoren, wie sie bereits oben beschrieben wurden, zusammen.

Bei 65 Patienten mit klinischem Tumorverdacht konnte durch die Sonographie in 60 Fällen der Tumor definitiv verifiziert werden. Dies wurde durch den intraoperativen Befund bestätigt.

Tabelle 2 zeigt, daß bei 48 von 60 operierten Tumoren des eigenen Krankengutes die Dignität sonographisch richtig beurteilt wurde. Die Genauigkeit der ultraschallmäßigen Dignitätsbestimmung betrug damit 80% und bestätigt damit die Ergebnisse von Bruneton et al. (1983) [2] und Pirschel (1984) [8]. In 41 Fällen war darüber hinaus eine weitere Differenzierung in Übereinstimmung mit der Histologie des Operationspräparates möglich. Eine hohe Treffsicherheit besteht für das pleomorphe Adenom und das Zystadenolymphom bei den benignen Tumoren sowie für Karzinome bei den malignen Prozessen.

Diskussion

Nach Auswertung unserer Ergebnisse stellt die hochauflösende Sonographie eine wesentliche Bereicherung der präoperativen Diagnostik von Parotistumoren und eine Ergänzung der angewandten bioptischen und radiologischen Methoden dar.

So bietet die Sialographie nur dann die Möglichkeit der Differenzierung zwischen benignen und malignen Raumforderungen der Ohrspeicheldrüsen, wenn der Tumor bereits zur Destruktion der großkalibrigen Gangabschnitte geführt hat. Dies ist bei kleineren Raumforderungen oftmals nicht gegeben. Der geringeren Aussage der Sialographie bei soliden Raumforderungen der Parotis stehen die Schmerzhaftigkeit der Untersuchung sowie eine mögliche Kontrastmittelallergie entgegen [3, 4, 9].

Die aufwendige CT-Sialographie ist eine geeignete Untersuchungsmethode zur zweidimensionalen Schnittbilddarstellung der Parotis. Vorteilhaft erweist sich dabei die Bestimmung der Tumorausdehnung in die Fossa retromandibularis und den parapharyngealen Raum hinein. Parotistumoren können dabei von Raumforderungen neurogenen, vaskulären oder lymphatischen Ursprungs im parapharyngealen Raum unterschieden werden. Ebenso können Karzinome der lateralen Pharynxwand abgegrenzt werden. Die gleichzeitige Darstellung des Ductus parotideus durch Instillation von Kontrastmittel führt zu einer besseren Konturabgrenzung intraglandulärer tumoröser Erkrankungen und zu einer näheren Bestimmung der Beziehung zum N. facialis. Allerdings ist auch mit dieser Methode keine sichere Differenzierung zwischen pleomorphen Adenomen, Azinuszelltumoren, Mukoepidermoidtumoren und pathologisch veränderten intraglandulären Lymphknoten möglich. Die kostenaufwendige Methode ist daher speziellen Fragestellungen vorbehalten und an größere klinische Zentren gebunden [7, 11, 12, 5].

Dies gilt auch für die Kernspintomographie, wobei wir insbesondere auf die kontrastreiche Darstellung einerseits und auf die genaue Bestimmung der Tumorausdehnung andererseits hinweisen möchten [6].

Die Auswertung der eigenen Untersuchungsergebnisse zeigt, daß neben der Beurteilung von Form und Größe der Parotisraumforderung die Tumoren sonographisch charakteristische echomorphologische Kontur- und Strukturmerkmale aufweisen. Neben der Bestimmung ihrer intra- oder periglandulären Lokalisation gelingt eine sichere Differenzierung zwischen zystischen und soliden Raumforderungen. Die sonographische Differenzierung zwischen einer echten Zyste einerseits und einem Zystadenolymphom andererseits gestaltet sich ohne Schwierigkeit. Bei der Unterscheidung zwischen benignen und malignen Tumoren können pleomorphe Adenome, Zystadenolymphome und Parotiskarzinome voneinander abgegrenzt werden. Schwieriger gestaltet sich die Differenzierung zwischen pleomorphen Adenomen einerseits, Mukoepidermoid- sowie Azinuszelltumoren und vergrößerten intraglandulären Lymphknoten andererseits.

Die Ultraschalluntersuchung leistet jedoch nicht nur für die bildgebende Diagnostik definitiver Tumorbefunde der Parotis einen wertvollen Beitrag, sondern auch für die Abklärung unklarer Tastbefunde. Die Sensitivität dieses bildgebenden Verfahrens kann mit 100% angegeben werden, d.h. kein Parotistumor wurde übersehen (keine falsch-negativen Ergebnisse). Andererseits konnte bei 5 Patienten mit zweifelhaften Tastbefunden sonographisch ein Tumor definitiv ausgeschlossen werden. Der klinische Verlauf bestätigte in diesen Fällen die sonographischen Untersuchungsbefunde.

Die Unterscheidung zwischen lokaler Raumforderung und Vergrößerung bzw. Schwellung der Drüse im Rahmen entzündlicher Prozesse war sonographisch in der überwiegenden Zahl der Fälle sicher möglich.

Als weitere Vorteile erwiesen sich die Möglichkeiten einer gezielten Punktion auch kleinerer Parotisprozesse zur Gewinnung einer Zytologie sowie die rasche Verlaufskontrolle bei Strahlentherapie maligner Parotistumoren.

Zusammenfassend läßt sich sagen, daß die Ultraschalldiagnostik sich als bildgebendes Verfahren in der Abklärung von Parotistumoren bewährt hat. Abhängig von dem Ergebnis der Sonographie erübrigen sich in vielen Fällen invasive diagnostische Methoden oder können gezielter eingesetzt werden.

Zusammenfassung

Die hochauflösende Real-time Sonographie gestattet eine gute zweidimensionale überlagerungsfreie Darstellung der oberflächlich gelegenen Glandula parotis. Im Rahmen einer prospektiven Studie wurde bei 65 Patienten mit Verdacht auf eine tumoröse Erkrankung der Ohrspeicheldrüse eine Ultraschalluntersuchung mit einer 5 MHz-Sonde durchgeführt. Für die verschiedenen Tumorarten konnten charakteristische echomorphologische Kontur- und Strukturmerkmale erhoben werden. Soweit möglich wurden diese mit den Operationsergebnissen sowie histologischen Befunden verglichen. Es gelang sonographisch eine sichere Differenzierung von pleomorphen Adenomen, Zystadenolymphomen sowie Karzinomen der Ohrspeicheldrüse. Diese zuverlässige, kostengünstige und nicht invasive Methode liefert bei Parotistumoren in Ergänzung zur klinischen Untersuchung wichtige zusätzliche Informationen über die Größe, Ausdehnung, Anzahl und Art der Tumoren.

Literatur

1. Bruneton JN, Fenart D, Vallicioni J, Demard F (1980) Semeiologique echografique des tumeurs de la parotide. J Radiol 61: 151
2. Bruneton JN, Sicart M, Rouse P, Pastaud P, Nicolau A, Delorme G (1983) Indications of ultrasonography in parotid pathologics. Röntgenstr 138: 22
3. Calcaterra TC, Hemenway WG, Hansen GC, Hanafee WN (1977) The value of the sialography in the diagnostis of parotid tumors. A clinicopathological correlation. Arch Otol 103: 729
4. Gates GA (1971) Radiosialography aspects of salivary disorders. Laryngoscope 82: 115
5. Golding S (1982) Computed tomography in the diagnosis of parotid gland tumors. Br J Radiol 55: 192
6. Lenarz T, Haels J, Gademann G, Fritz P (1986) Kernspintomographie in der Diagnostik von Parotistumoren. Ein Methodenvergleich. HNO 34: 515
7. Manusco A, Rice D, Hanafee WN (1979) Computed tomography of the parotid gland during contrast sialography. Radiology 132: 211
8. Pirschel J (1984) Ultraschalldiagnostik der Parotis. In: Mann WJ (Hrsg) Ultraschall im Kopf-Hals-Bereich. Springer, Berlin Heidelberg New York Tokyo, S 53–61

9. Schmitt G, Lehmann G, Strötges MW, Wehmer W (1976) The diagnostic value of sialography and scintigraphy in the salivary gland diseases. Br J Radiol 49: 326
10. Schroeder H-G, Schwerk WB, Eichhorn Th (1985) Hochauflösende Real-Time Sonographie bei Speicheldrüsenerkrankungen Teil II: Speicheldrüsentumoren. HNO 33: 511
11. Som PH, Biller HF (1980) The combined CT-sialogram. Radiology 135
12. Stone DN, Manusco AA, Rice P, Hanafee WN (1981) Parotid CT-sialography. Radiology 138: 393
13. Türk R, Arnoldner M, Wittich G, Schlatter M (1983) Der Wert der Sonographie für die Parotischirurgie. Aktuelles i.d. Otorhinolaryngologie 83

Diskussionsbemerkungen

Türk (Wien): Sie haben mit dem 5 MHz-Schallkopf gearbeitet. Haben Sie auch Erfahrung mit anderen Schallköpfen? Wir haben bei der Parotissonographie die besten Ergebnisse mit dem 7,5 MHz-Schallkopf erzielt. Was halten Sie davon? Gestatten Sie weiterhin eine Anmerkung: Wir arbeiten seit 1980 mit dieser Methode und haben ähnlich wie Sie sehr zufriedenstellende Ergebnisse. Man sollte die Sonographie jedoch nicht überfordern. Insbesondere sollte man, auch wenn es verlockend erscheint, anhand sonographischer Befunde keine histologischen Diagnosen stellen.

Haels (Heidelberg): Wir haben fast alle Untersuchungen mit dem 5 MHz Schallkopf durchgeführt. Mit dem 7,5 MHz Schallkopf haben wir bislang nur wenig Erfahrung. Mit dem Ultraschall kann man natürlich keine spezifische Diagnose stellen. Das bleibt der Histologie vorbehalten. Aber nach unseren Erfahrungen finden sich charakteristische sonographische Merkmale für benigne und maligne Tumoren.

Einsatz der Kernspintomographie bei Speicheldrüsenerkrankungen

G. GADEMANN[1], W. SEMMLER[2] und T. LENARZ[3]

Einleitung

Die Erkrankungen der Speicheldrüsen unterliegen erst in zweiter Linie der radiologischen Diagnostik. In vielen Fällen können die Palpation, die Feinnadelpunktion und die Biopsie bereits die Ätiologie des Prozesses klären [5]. Dies trifft insbesondere auf oberflächlich gelegene Läsionen zu, während bei Erkrankungen der tiefen Anteile die radiologische Diagnostik wichtige zusätzliche Informationen liefern kann. Nach der Röntgensialographie und der Szintigraphie wurde in den letzten Jahren zunehmend auch die Computertomographie (CT) hierfür beansprucht, vorzugsweise für die präoperative Diagnostik von großen Tumoren der Glandula parotis. Der Ultraschall findet seine Anwendung bei kleineren Raumforderungen in den oberflächlichen Drüsenanteilen. Die wichtigsten Informationen, die diese Verfahren dem Therapeuten für die Behandlung einer Parotiserkrankung geben können, sind [3]:

1. Liegt der Prozeß innerhalb oder außerhalb der Parotis (intrinsic oder extrinsic),
2. befindet er sich in den tiefen oder oberflächlichen Anteilen der Drüse, und wie sind die Beziehungen zum Nervus facialis und
3. liegt ein gutartiger oder bösartiger Tumor vor.

Die Kernspintomographie (auch MR-Tomographie) reiht sich als jüngstes bildgebendes Verfahren in die oben genannten Methoden ein. Mit der raschen Verbesserung der Bildqualität in den letzten Jahren wird der Einsatz für die Diagnostik von Speicheldrüsenerkrankungen interessant, wie es sich auch an der zunehmenden Anzahl der Veröffentlichungen äußert [7, 1, 4, 8, 6, 2]. Die Erfahrungen auf diesem Gebiet sind trotz allem noch äußerst gering und spiegeln daher lediglich einen vorübergehenden Status wieder, da auch die technische Entwicklung der Kernspintomographie noch nicht abgeschlossen ist. Die vorliegende Arbeit möchte anhand von Einzelfällen wichtiger Parotiserkrankungen einen Eindruck über die Leistungsfähigkeit vermitteln und ihre zukünftige Einsetzbarkeit für die Speicheldrüsendiagnostik abschätzen.

---

[1] Klinikum der Universität, Zentrum Radiologie (Strahlenklinik), Abt. Allg. Radiologie mit Poliklinik, Voßstr. 3, D-6900 Heidelberg
[2] Deutsches Krebsforschungszentrum, Institut für Nuklearmedizin, Im Neuenheimer Feld 280, D-6900 Heidelberg
[3] Kopfklinikum, Universitäts-HNO-Klinik, Im Neuenheimer Feld 400, D-6900 Heidelberg

Eigenschaften der Kernspintomographie

Die Kernspintomographie verwendet im Gegensatz zur Computertomographie keine Röntgenstrahlen, sondern Magnetfelder und Radiowellen zur Erstellung der Signale, die erst in einem Computer zum Bild berechnet werden. Magnetische Eigenschaften von Wasserstoffkernen in einem äußeren Magnetfeld werden ausgemessen, die sowohl Information über die Menge der beteiligten Kerne als auch deren Einbindung in die Umgebung liefern. Die Relaxationszeiten T_1 und T_2 der Gewebe, die ein Maß sind für die Beweglichkeit der Wasserstoffkerne in ihrer atomaren Umgebung, sind hauptverantwortlich für die Kontrastgebung im Kernspintomogramm. Durch geeignete Parameteranwahl am Gerät können die unterschiedlichsten Kontraste hervorgerufen werden. Man spricht dann von sogenannten T_1- oder T_2-betonten Bildern oder auch von spindichte-betonten Bildern, die nur von der Konzentration der meßbaren Kerne bestimmt werden. Die am häufigsten verwendete Aufnahmetechnik ist die Saturation-Recovery-Spin-Echo-Technik, die meist vereinfacht Spin-Echo (SE) genannt wird. Durch Variation der apparativen Zeitparameter, Repetitionszeit TR und Verzögerungszeit TE, können die Kontraste der Gewebe bestimmt werden, die zum Teil äußerst variabel sind. Je nach Betonung des Bildes durch entsprechende Anzahl der Geräteparameter lassen sich Gewebe heller oder dunkler darstellen. Zystenflüssigkeit erscheint üblicherweise im T_1-betonten Bild dunkel, bei T_2-Betonung hell. Enthält die Flüssigkeit jedoch eine hohe Konzentration an Proteinen zeigt sie sich auch in der T_1-Betonung heller. Liegt sogar eine Einblutung vor, kann sich der Kontrast völlig umkehren, indem die Zyste sich hell im T_1-betonten Bild und dunkel im T_2-betonten Bild darstellt. Pathologisches Gewebe, welches in den meisten Fällen eine höhere Konzentration an freiem Wasser hat als das gesunde Gewebe, weist sich im T_2-betonten Bild oft signalintensiver aus als das Muttergewebe. Als vereinfachte Faustregel kann gelten, daß die spindichte- und die T_1-betonte Aufnahme am besten die Normalanatomie zeigen, während die T_2-betonte Aufnahme als relativ spezifisch für krankhafte Prozesse gilt, allerdings bei reduzierter Bildqualität wegen niedrigerer Empfangssignale. Dies sollte jedoch im Einzelfall differenziert betrachtet werden.

Die Art der verwendeten Felder wie auch die Art der Bildrekonstruktion verursachen Bildartefakte, die sich anders äußern als im Computertomogramm. Zahnfüllungen beeinflussen die Bildqualität des Kernspintomogrammes nur unwesentlich. Größere metallische Kieferprothesen oder -implantate können entweder durch ihre ferromagnetischen Eigenschaften oder durch Wirbelströme zu lokalen Bildverzerrungen führen, welche die Diagnostik erschweren (vgl. Abb. 6a). Zahnprothesen sind nach Möglichkeit vor der Untersuchung zu entfernen. Patientenbewegungen bewirken zwar bei der Kernspintomographie weniger ausgeprägte Artefakte als bei der Computertomographie, doch bedingen die langen Aufnahmezeiten von etwa 5-10 Minuten pro Bildfolge bei unruhigen Patienten eine deutliche Reduzierung der Bildqualität durch Doppelkonturen in einer Richtung (sog. Phasenartefakte in Abb. 6a). Eine kurzzeitige Bewegung des Patienten während der Untersuchung, z. B. Schlucken oder Husten, beeinflußt die Bilder nur wenig.

Da die Kernspintomographie nur mit Magnetfeldern und langwelligen Radiowellen arbeitet, sind ähnliche Nebenwirkungen wie bei den Röntgenstrahlen nicht zu erwarten. Bislang gibt es durch den Einsatz der heutzutage benutzten Kernspintomographie keinen Hinweis auf irreversible Schädigungen von Zellen, sei es somatischer oder genetischer Art. Eine absolute Kontraindikation ergibt sich für Patienten mit Herzschrittmachern oder intracerebralen Aneurysmaclips und Elektroden; als relative Kontraindikationen gelten ferromagnetische Metallimplantate und vorläufig noch eine Schwangerschaft.

Untersuchungstechnik und Patienten

Die Kernspinuntersuchungen der vorliegenden Arbeit wurden an einem 1.5 Tesla-Gerät (Magnetom-H) durchgeführt. Es wurde ausschließlich die Spinechotechnik angewendet mit Akquisition eines Doppelechos, so daß nach einer Messung jeweils zwei Aufnahmen der gleichen Schicht, eine T_1-betonte oder spindichte- und eine T_2-betonte, vorlagen. Bei der Mehrzahl der Patienten kam eine Sonderempfangsspule in Form eines flachen Ovals zur Anwendung, die dem liegenden Patienten frontal über Kopf und Hals gelegt wurde [10]. Auch eine plane Spule von 10 cm Durchmesser stand zur Verfügung. Diese Art von Empfangsantennen werden üblicherweise Oberflächenspulen genannt; man erhält ein größeres Meßsignal und damit bessere (rauschärmere) Bilder. Je nach Spulenkonfiguration kann es zu Abschattungen kommen, die nur die spulennahen Bereiche einsehen lassen.

Patienten mit folgenden Erkrankungen der Parotis wurden untersucht: pleomorphes Adenom, Zystadenolymphom, kavernöses Lymphangiom, Acinuszelltumor, Mukoepidermoidtumor, Plattenepithelkarzinom und subakute Entzündung.

Normalanatomie

Die Glandula parotis, die größte der Speicheldrüsen, liegt dorsolateral des aufsteigenden Unterkieferastes. Bevorzugt wird die horizontale Schnittführung, welche – wie in Abbildung 1a gezeigt – die Anatomie in hervorragender Übereinstimmung mit anatomischen Schemazeichnungen [9] darstellt (Abb. 1b). Die Weichteilkontraste dieser Region sind ausgeprägter als bei der Computertomographie. Die Glandula parotis erscheint in dem spindichte-betonten Bild signalintensiv. Ihre Grenzen, nach ventral zum Musculus masseter, dem Unterkiefer und dem Musculus pterygoideus medialis sowie zum dorsal gelegenen Musculus sternocleidomastoideus sind deutlich erkennbar. Trotz ähnlicher Kontraste bereitet die Abgrenzung zum subkutanen Fettgewebe normalerweise keine Schwierigkeiten. Am problematischsten kann die Differenzierung nach medial zum Fett des Parapharyngealraumes sein, welches die Musculi constrictores pharyngis umkleidet. Diese Fettschicht trennt den tiefen Anteil der Parotis von den Mukosastrukturen und dem Parapharyngealraum. In der Parotis erkennt man als dunkle runde Aussparungen die Gefäße, von denen insbesondere die Vena retromandibularis und dahinter die Arteria carotis externa zu differenzieren sind. Auch der Ausführungsgang der Parotis, der Stenon'schen Gang (im Engl. Stensen) läßt sich regelmäßig subkutan lateral des Musculus masseter nachweisen.

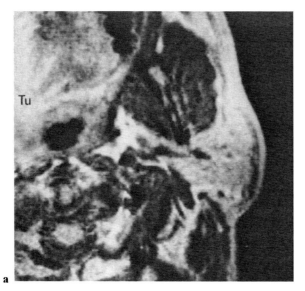
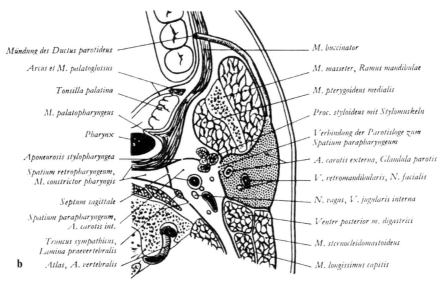

Abb. 1a, b. Horizontalschnitt durch die linke Parotisloge. **a** Spindichte-betontes Kernspintomogramm einer gesunden linken Parotis (SE, TR 1,2 s, TE 35 ms). Bei dem Patienten lag ein Karzinom der rechten Tonsille vor (Tu). **b** Schemazeichnung aus [9]. Die Kernspintomographie vermag nahezu alle makroskopisch sichtbaren anatomischen Einzelheiten, wie sie in der Schemazeichnung aufgeführt sind, darzustellen

Der Chirurg benötigt vor Eingreifen in die tiefen Anteile der Parotis möglichst genaue Informationen über den Verlauf des Nervus facialis und seine Beziehungen zu dem Prozeß. Der Nerv verläßt die Schädelbasis durch das Foramen stylomastoideum und dringt nach lateral und ventral in die Parotis ein. Er kann im Kernspintomogramm, zumindest bei normalen Verhältnissen oder kleineren raumfordernden Prozessen nachgewiesen werden. Eine steilere horizontale Schnittführung, die etwa vom äußeren Gehörgang zur oberen Zahnreihe verlaufen sollte, wird empfohlen [8], wie es Abbildung 2a zeigt. Die im Bild gekennzeichnete Struktur (Nf) könnte den tiefen Anteilen des Nerven entsprechen, der über die

Einsatz der Kernspintomographie bei Speicheldrüsenerkrankungen 127

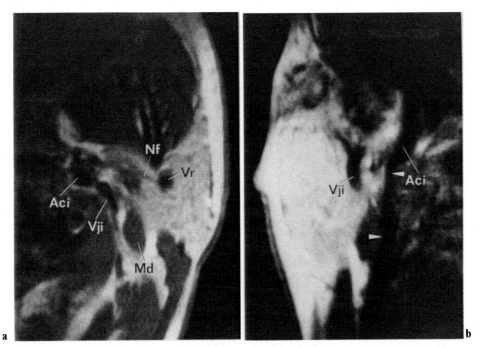

Abb. 2a, b. T_1-betonte Kernspinaufnahmen einer gesunden Parotis (SE, TR 0,6 s, TE 35 ms), aufgenommen mit einer planen Oberflächenspule von 10 cm Durchmesser. **a** Horizontalschnitt der Normalanatomie in einer nach ventral gekippten Schnittführung, die besonders geeignet ist, den Verlauf des Nervus facialis (Nf) nach seinem Durchtritt durch das Foramen stylomastoideum darzustellen. Der VII. Hirnnerv zieht nach lateral in die tiefen Anteile der Parotis. Dort ist er vor dem Venter posterior des M. digastricus (Md) zu lokalisieren. In der Parotis biegt er hinter der Vena retromandibularis (Vr) nach ventral ab und teilt sich in die verschiedenen Äste auf, die im Kernspinbild nicht mehr dargestellt werden können. **b** Der zugehörige Frontalschnitt erlaubt eine Beurteilung der kranialen Drüsenanteile und der Beziehungen zur Felsenbeinregion. Die großen Halsgefäße, Arteria carotis interna (Aci) und Vena jugularis interna (Vji) verlaufen teilweise in der Schicht. Durch Teilvolumeneffekte können Infiltrationen und Impressionen vorgetäuscht werden (Pfeilspitzen)

Vena retromandibularis (Vr) zieht. Die knöchernen Strukturen des Mastoids und des Processus styloideus sind im Kernspinbild weniger deutlich nachzuweisen, da Knochenkortikalis kein Signal abgibt. Trotzdem ist offensichtlich, daß diese für den Operateur wichtige Region der Fossa retromandibularis mit der Kernspintomographie sehr gut einzusehen ist und bei der Beurteilung von Prozessen der Parotis besonders beachtet werden sollte.

Der frontale Schnitt (Abb. 2b) stellt die Beziehung der Parotis zu den großen Gefäßen, Arteria carotis interna (Aci) und Vena jugularis interna (Vji) gut dar, so daß deren Verdrängung oder Umlagerung in dieser Schnittführung beurteilt werden können. Die Aussage ist jedoch durch Teilvolumeneffekte bei den Schnittbildtechniken relativiert. Die kraniale Grenze zum Felsenbein wird ebenfalls im Fron-

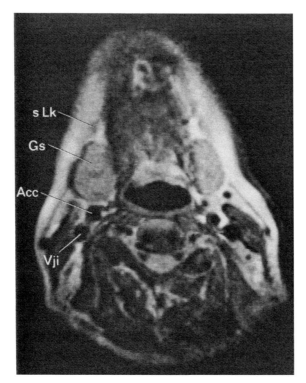

Abb. 3. Horizontalschnitt in Höhe der Glandula submandibularis (Gs), (SE. TR 1,2 s, TE 35 ms). Die ventral der großen Halsgefäße, Arteria carotis communis (Acc) und Vena jugularis interna (Vji) gelegene Drüse darf nicht mit vergrößerten Lymphknoten verwechselt werden. Normaler submandibulärer Lymphknoten (s. Lk)

talschnitt besser beurteilbar. Die horizontale und frontale Schnittführung gelten allgemein als die wichtigsten zur Untersuchung der Parotis.

Die nach ventral und caudal angrenzende Glandula submandibularis läßt sich mit der Kernspintomographie ebenso deutlich darstellen. Der Horizontalschnitt in Abbildung 3 zeigt ihre Lage ventral der großen Halsgefäße. Da in dieser Region oft vergrößerte Lymphknoten auftreten, darf die Glandula submandibularis nicht mit diesen verwechselt werden.

Die im ventralen Mundboden gelegene Glandula submandibularis wird regelmäßig bei der Untersuchung der Mundhöhle mit abgebildet. Beide Drüsen spielen jedoch eine untergeordnete Rolle für die radiologischen Abbildungsverfahren.

Erkrankungen der Parotis

Die folgenden Fälle stellen insofern ein ausgewähltes Patientengut dar, daß es sich ausschließlich um ausgedehnte einseitige Parotisvergrößerungen handelt, bei denen bis auf einen Fall die Pathologie bereits vor der Kernspinuntersuchung durch Feinnadelpunktion oder Biopsie geklärt war. Die rein morphologische Darstellung der unterschiedlichen Prozesse soll beschrieben, Unterschiede und Gemeinsamkeiten diskutiert werden.

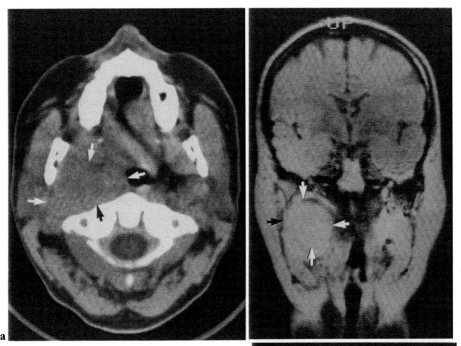
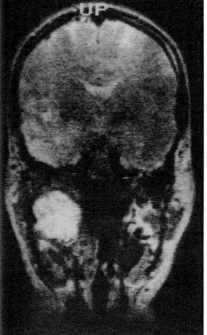

Abb. 4a-c. Pleomorphes Adenom der rechten Parotis in Form eines Eisbergtumors wachsend. **a** Im axialen Kontrastmittel-CT wird die Raumforderung dargestellt, jedoch kann wegen des geringen Kontrastes zu den umgebenden Weichteilgeweben der Prozeß nur schwer vom Umgebungsgewebe abgegrenzt werden (Pfeile). **b** Das frontale spindichte-betonte Kernspinbild (TR 1,8 s, TE 30 ms) zeigt bei guter Darstellung der Umgebungsanatomie den Tumor (Pfeile) kontrastärmer als in **c**, dem zugehörigen T_2-betonten Bild (SE, TR 1,8 s, TE 90 ms). Die Tumorregion gewinnt deutlich an Kontrast, so daß die Lage im Parapharyngealraum mit Verdrängung des Nasopharynx und die scharfe Begrenzung erkennbar wird

Benigne Tumoren

Die drei untersuchten *pleomorphen Adenome* (Abb. 4 u. 5) stellen sich in der Kernspintomographie als runde, scharf begrenzte Tumoren dar. Bei einer Patientin wuchs das Adenom in Form eines Eisberg-Tumors von den tiefen Anteilen der Parotis in das Spatium parapharyngicum vor, so daß der Prozeß zuerst als Tumor des Nasopharynx imponierte. Bei der Probeexzision fand sich ein pleomorphes Adenom. Zur Klärung der Ausdehnung und Zugehörigkeit wurden daraufhin eine CT- und Kernspinuntersuchung vorgenommen. In der Kontrastmittel-CT-Untersuchung (Abb. 4a) imponiert der Prozeß zwar als Raumforderung, zeigt jedoch kaum Kontrast zum Umgebungsgewebe. In der Kernspinuntersuchung dagegen ist er von Normalgewebe eindeutig abzugrenzen (Abb. 4b), insbesondere in der T_2-betonten Aufnahme (Abb. 4c). Die beiden anderen untersuchten pleomorphen Adenome waren oberflächlich gelegen. Im T_1-betonten und spindichte-betonten Bild besitzen alle etwa die gleiche Signalintensität wie gesundes Drüsengewebe, gewinnen jedoch an Intensität im T_2-betonten Bild. Bei einer Patientin, bei welcher der Prozeß seit vielen Jahren bekannt war (Abb. 5a u. b), ist das Binnenmuster des Tumors unruhig mit hellen, gut abgegrenzten Arealen. Histologisch entsprechen diese wahrscheinlich zystischen Degenerationen des Tumors. Das helle Signalverhalten könnte durch eine hohe Proteinkonzentration in der Zystenflüssigkeit verursacht werden. In den allen drei Fällen ist der Tumor von einer signalarmen Kapsel umgeben, zeigt keinerlei infiltratives Verhalten und tangiert nicht die Region des Mastoids und des Foramen stylomastoideum. Damit kann der

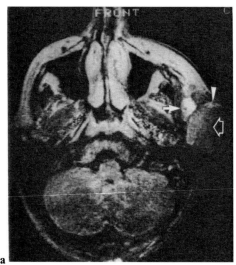 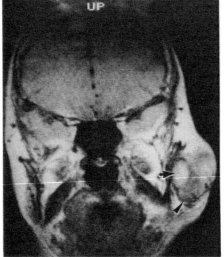

Abb. 5a, b. Anamnestisch seit langem bestehendes pleomorphes Adenom der linken Parotis. Der Prozeß ist auf die oberflächlichen Drüsenanteile begrenzt und zeigt sich von einer signalarmen Kapsel (Pfeilspitze) umgeben. Medial wahrscheinlich degenerative Zyste mit hohem Proteingehalt (Pfeil). **a** Spindichte-betonter Horizontalschnitt (SE, TR 1,2 s, TE 35 ms). Die Abschattung des lateralen Tumoranteils (offener Pfeil) ist technisch bedingt. **b** T_1-betonter Frontalschnitt (SE, TR 0,6 s, TE 35 ms)

Nervus facialis, dessen Verlauf in Abbildung 5a nicht gezeigt ist, in seinen medialen Anteilen durch den Tumor nicht berührt sein.

Ein untersuchtes *Zystadenolymphom* (Abb. 6) stellt sich von seiten der Abgrenzung zum Umgebungsgewebe ähnlich wie die Mischtumoren dar. Eine signalarme Kapsel ist gut zu erkennen. Ein Großteil des Tumors zeigt etwa das gleiche Signalverhalten wie die gesunde Parotis, die sich im Frontalschnitt (Abb. 6b) kranial des Tumors abbildet. Die Binnenstruktur des Prozesses ist unruhig und enthält im Horizontalschnitt (Abb. 6a) signalarme, relativ unscharf begrenzte Areale, die auch in dem T_2-betonten Bild signalarm bleiben. Solche Formationen könnten zwar dem histologischen Bild der Zysten entsprechen, doch ist das kernspintomographische Signalverhalten nicht typisch für einen flüssigen Inhalt, sondern eher für stark eingedickte, pastöse Zystenflüssigkeit oder fibrotische Veränderungen. Eine signalintensive Region, die sich im Frontalschnitt kaudal zeigt, kann dagegen einer fettigen Veränderung oder einer proteinhaltigen Zyste entsprechen.

Bei der Untersuchung eines jungen Patienten mit dem Rezidiv eines *kavernösen Lymphangioms* (Abb. 7) zeigt sich die gesamte rechte Parotisloge ausgefüllt durch einen unruhig strukturierten Prozeß, welcher gut von der Muskulatur abzugrenzen ist und medial bis zur Pharynxmuskulatur reicht (Abb. 7a). Normales

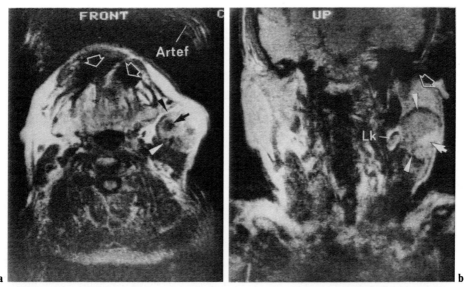

Abb. 6a, b. Zystadenolymphom der linken Parotis. **a** Horizontalschnitt (SE, TR 1,2 s, TE 35 ms). Der oberflächlich gelegene Tumor ist von einer Kapsel (Pfeilspitzen) umgeben. Die signalarmen Areale (Pfeil) dürften einem eingedickten Zysteninhalt entsprechen. Im ventralen Kieferbereich Bildverzerrungen durch eine Zahnbrücke (offene Pfeile), die ventral gelegenen Doppelkonturen (Artef.) entstehen durch Patientenbewegungen. **b** Frontalschnitt (SE, TR 1,2 s, TE 35 ms). Der Tumor grenzt sich in der kaudalen Parotis (Pfeilspitzen) ab, während kranial normales Drüsengewebe zur Darstellung kommt (offener Pfeil). Die signalintensiven Areale können fettigen Degenerationen entsprechen. Die oväläre medial angrenzende Struktur (Lk) ist ein vergrößerter Kieferwinkel-Lymphknoten

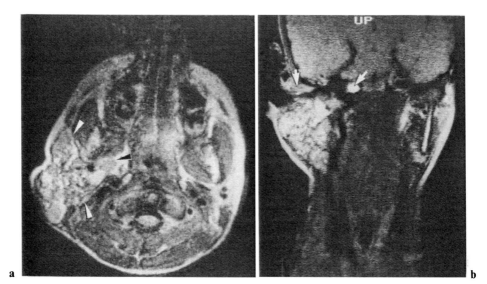

Abb. 7a, b. Rezidiv eines kavernösen Lymphangioms der rechten Parotisregion. **a** Spindichte-betonter Horizontalschnitt (SE, TR 1,2 s, TE 35 ms). Die gesamte rechte Parotisloge ist ausgefüllt mit einem unruhig strukturierten Tumor, der medial bis tief in den Parapharyngealraum reicht (Pfeilspitzen). **b** T_2-betonter Frontalschnitt (SE, TR 1,2 s, TE 70 ms). Auch im Felsenbein und der medialen Schädelbasis sind signalintensive Regionen nachweisbar, die zum Tumor zu zählen sind (Pfeile)

Parotisgewebe läßt sich in Angiomkonglomerat nicht mehr abgrenzen. Im Frontalschnitt (Abb. 7b) wird die Ausdehnung des Prozesses nach medial und in der kraniokaudalen Richtung offenkundig. So erkennt man Angiomanteile im Felsenbeinbereich und an der medialen Schädelbasis. Die großen Halsgefäße verlaufen am medialen Rand des Lymphangioms. In diesem T_2-betonten Bild erscheinen die kavernösen Strukturen wesentlich signalintensiver, ein typischer Befund für zystische Formationen.

Semimaligne und maligne Tumoren

Ein untersuchter *Acinuszelltumor* (Abb. 8a u. b) zeigt sich kernspintomographisch als septierter polyzyklisch begrenzter Prozeß, bei dem im Gegensatz zu den pleomorphen Adenomen und dem Zystadenolymphom eine fibröse (signalarme) Kapsel weniger deutlich nachzuweisen ist. Die Grenzen zur Muskulatur und zum Parapharyngealraum sind scharf (Abb. 8a). Im kranialen Abschnitt ist noch normales Parotisgewebe zu erkennen. Die Ausdehnung des Acinuszelltumors nach medial bis in die Region des Austrittes vom Nervus facialis aus dem Foramen stylomastoideum läßt sich im Horizontalschnitt (Abb. 8b) erkennen. Das Signalverhalten gleicht dem der gesunden Parotis im T_1-betonten und spindichte-betonten Bild, weist jedoch einen Signalanstieg im T_2-betonten Bild auf, der sogar etwas ausgeprägter als bei den pleomorphen Adenomen ist.

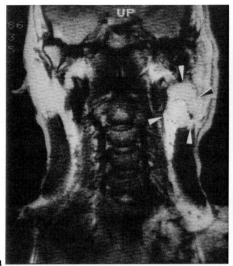 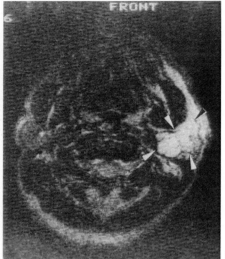

Abb. 8a, b. Acinuszelltumor der linken Parotis. **a** Spindichte-betonter Frontalschnitt (SE, TR 1,2 S, TE 35 ms). Septierter, im wesentlichen gut begrenzter Tumor heller Signalintensität (Pfeilspitzen). Kein Nachweis einer kapsulären Hülle wie bei den Adenomen. **b** T_2-betonter Horizontalschnitt (SE, TR 1,2 s, TE 70 ms). Der Tumor hat tiefe Anteile und reicht bis in den Retromandibularraum. Der Kontrast zum Umgebungsgewebe ist deutlich erhöht, die Bildqualität wegen des niedrigen Signal/Rausch-Verhältnis vermindert

Kernspintomographisch konnte ein *Mukoepidermoidtumor* (Abb. 9) von hoher Malignität (high grade) in der Untersuchung vor einer Strahlentherapie nicht von einem Adenom unterschieden werden. Auch klinisch bestand zuerst der Verdacht auf Vorliegen eines Mischtumors mit malignen Anteilen. Die Kernspinuntersuchung nach einer Strahlentherapie mit 50 Gy zeigt Abbildung 9. Ein Bereich, der nach kranial gut abgegrenzt und einer schmalen signalarmen Zone umgeben ist, stellt sich im kranialen Anteil der linken Parotis dar. Der Prozeß reicht weit nach medial und tangiert die Gefäße. Das Binnenmuster zeigt signalarme Areale, die an das Zystadenolymphom (Abb. 6) erinnern. Eine Kontraststeigerung im T_2-betonten Bild wird nicht beobachtet. Die hohe Malignität des Tumors, der innerhalb kürzester Zeit in die lokalen Lymphknoten streute und sogar Lungenmetastasen setzte, ließ sich in der Kernspinuntersuchung nicht anhand eines infiltrativen Wachstums nachweisen.

Der Fall eines *Plattenepithelkarzinomrezidives* der rechten Parotis (Abb. 10), bei dem eine Operation vorausgegangen war, zeigt die größten Unterschiede zu den vorgenannten Tumoren. Seine Ausdehnung in der Parotisloge ist schwer anzugeben. Auffällig ist die unscharfe ventrale Begrenzung zum Musculus masseter im Horizontalschnitt, was als Anzeichen einer Infiltration gewertet werden muß. Auch eine Infiltration der lateralen knöchernen Mandibulaspange kann nicht ausgeschlossen werden. Der Nachweis einer Knochenbeteiligung ist kernspintomographisch meist erst bei ausgedehnten Befunden möglich, da die Knochenkortikalis nicht abgebildet wird. Die in der Parotis verlaufenden Gefäße, die Vena

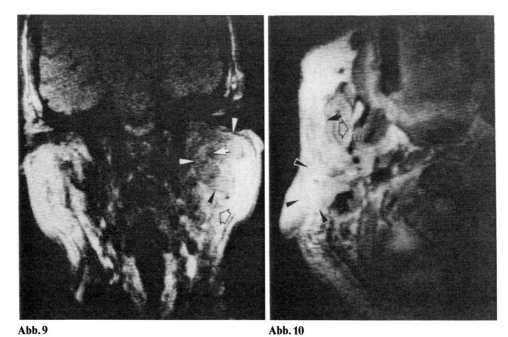

Abb. 9 **Abb. 10**

Abb. 9. Frontalschnitt durch einen Mukoepidermoidtumor hoher Malignität (high grade) der linken Parotis nach einer Strahlentherapie von 50 Gy (SE, TR 1,2 s, TE 35 ms). Der Tumor zeigt sich durch eine dunkle Kapsel begrenzt (Pfeilspitzen) und hat eine große Ähnlichkeit zu Adenomen (z. B. Abb. 6). Unruhige Binnenstruktur mit signalarmen Bezirken (Pfeil). Klinisch bestand zuerst der Verdacht auf ein pleomorphes Adenom mit malignen Anteilen. Kaudal erkennt man normales Parotisrestgewebe (offener Pfeil)

Abb. 10. Horizontalschnitt durch das Rezidiv eines Plattenepithelkarzinoms der rechten Parotis bei Zustand nach Operation. Die spindichte-betonte Aufnahme (SE, TR 1,2 s, TE 35 ms) wurde mit Hilfe einer planen Oberflächenspule von 10 cm Durchmesser gewonnen. Der relativ oberflächlich gelegene Tumor (Pfeilspitzen) zeigt wenig Kontrast zum Umgebungsgewebe. Die Grenze nach ventral zum Muskulus masseter ist unscharf konfiguriert (Pfeile) und die laterale Kortikalis des aufsteigenden Mandibulaastes nicht abgebildet (offener Pfeil)

retromandibularis und die Arteria carotis externa, sind nicht verdrängt und zeigen ein offenes Lumen. Die durch die Operation gesetzten Veränderungen der Region sind schwer von dem Rezidivwachstum zu trennen.

Entzündung der Parotis

Eine Patientin mit plötzlich auftretender diffuser Schwellung der linken Parotis wurde kernspintomographisch untersucht. Klinisch bestand der dringende Verdacht auf Vorliegen eines Neoplasmas, wenngleich in der Feinnadelpunktion lediglich Entzündungszellen nachgewiesen werden konnten. Im Kernspintomogramm imponiert die Parotis als deutlich vergrößertes signalintensives Organ, wel-

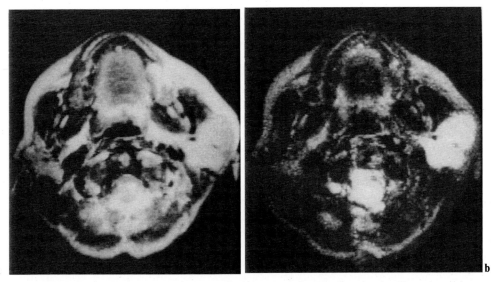

Abb. 11a, b. Subakute Entzündung der linken Parotis. Die Parotisschwellung imponierte klinisch zuerst wie ein Tumor. **a** In dem spindichte-betonten Horizontalschnitt (SE, TR 1,8 s, TE 30 ms) zeigt sich die Drüse homogen vergrößert, die Grenzen der Parotisloge sind eingehalten und scharf konfiguriert. **b** Im zugehörigen T_2-betonten Bild massive homogene Kontrasterhöhung (SE, TR 1,8 s, TE 90 ms) der gesamten Parotis

ches jedoch die anatomischen Grenzen der Parotisloge einzuhalten scheint (Abb. 11a). Die Grenzen zum medialen Fettgewebe des Parapharyngealraumes, zu den ventral und dorsal gelegenen Muskeln und zum subkutanen Fettgewebe sind scharf. Die Drüse besitzt ein homogenes Binnenmuster mit einer intensiven Signalerhöhung im T_2-betonten Bild (Abb. 11b). Eine kapsuläre Struktur läßt sich bei dieser Erkrankung nicht nachweisen. Der Prozeß bildete sich unter längerer antibiotischer Behandlung zurück, so daß durch den klinischen Verlauf letztendlich die Diagnose *subakute Parotitis* feststand. Die eigentliche Ursache der Entzündung konnte nicht geklärt werden.

Diskussion

Die Erfahrungen in der Anwendung der Kernspintomographie für Erkrankungen der Speicheldrüsen sind zur Zeit noch limitiert und betreffen nur die Parotis. Publikationen jüngsten Datums [7, 1, 4, 8, 6] und die eigenen Erfahrungen [2] weisen unbestreitbare Vorteile der Kernspintomographie im Vergleich zu den anderen radiologischen Methoden auf:

1. Detaillierte Darstellung der Normalanatomie durch erhöhten Kontrastumfang und die multidirektionale Schnittführung
2. Darstellung der Gefäße ohne Anwendung von Kontrastmitteln
3. Erhöhte Sensitivität auf pathologische Veränderungen im T_2-betonten Bild
4. Keine Belastung durch Röntgenstrahlung.

In der Regel geht eine Erkrankung der Speicheldrüsen mit einer klinischen Symptomatik einher, die zusammen mit der Feinnadelpunktion bzw. Biopsie zur Diagnose führt. Oberflächliche Prozesse können zusätzlich mit Hilfe des Ultraschalles beurteilt werden (s. Kap. Haels/Lenarz, S. 111). Bei ausgedehnten Tumoren, insbesondere solchen, welche die tiefen Drüsenanteile betreffen, ist die Indikation zu weiteren bildgebenden Untersuchungen, in erster Linie CT, gegeben. Die für den Kliniker wichtigsten Fragestellungen betreffen besonders die Operationsplanung und wurden bereits in der Einleitung erwähnt, nämlich Lage und Dignität des Tumors. In unserem eigenen Patientengut wurden aus diesem Grund nur Fälle untersucht, für die eine CT-Untersuchung indiziert war. Die Kernspintomographie kann, wie unsere Untersuchung zeigte, zumindest einige der vorgenannten Fragen hinreichend gut beantworten:

1. Die hervorragende Darstellung der pathologischen Strukturen relativ zur Umgebungsanatomie erlaubt eine Aussage, ob der Prozeß innerhalb oder außerhalb der Parotis liegt. Sowohl die Grenzen (scharf, unscharf oder von einer Kapsel umgeben) als auch die Form des Prozesses (rund, irregulär, gelappt) lassen sich im Kernspintomogramm darstellen.

2. Der Verlauf des Nervus facialis in den tiefen Parotisanteilen kann mit der Kernspintomographie als einzigem bildgebenden Verfahren direkt dargestellt werden [8]. Die eigenen Erfahrungen beruhen diesbzüglich auf Untersuchungen an gesunden Probanden. Auch andere Untersucher beschreiben diesen Sachverhalt insbesondere an Normalbefunden oder bei Vorliegen kleiner Parotisläsionen. Allerdings konnte in keinem Fall der von uns untersuchten großen Tumoren ein eindeutiges Korrelat für den extrakraniell verlaufenden Nerven gefunden werden. Dies dürfte mit der bei diesen Untersuchungen differenten Schnittführung und mit der durch den Tumor alterierten Anatomie zusammenhängen. Ähnlich wie mit der Computertomographie war lediglich eine indirekte Beurteilung möglich. Bei Ausdehnung des Tumors in den Retromandibularraum bis zum Bereich des Foramen stylomastoideum muß man eine Affektion des Nervus facialis annehmen. Für eine bevorstehende Operation mit geplanter Nerveninterposition ist es von großer Bedeutung, die Länge des unbeeinflußten extrakraniellen Nervenverlaufes abzuschätzen. Knochendestruktionen in diesem Bereich, die beweisend für das infiltrative Wachstum von Tumoren sind, können mit der Kernspintomographie weniger deutlich dargestellt werden als mit der CT, da die Knochenkortikalis signalarm erscheint. Die Erfahrungen werden zeigen, ob die Kernspintomographie durch die hohe Weichteilkontrastauflösung und die Möglichkeit der direkten Nervendarstellung in der präoperativen Diagnostik dieser Region genauere Aussagen treffen kann.

3. Die untersuchten Tumoren zeigten sich bis auf die Rezidive (Plattenepithelkarzinom und kavernöses Lymphangiom) von seiten der Signalintensität und der Abgrenzung sehr ähnlich. Im Falle des Plattenepithelkarzinoms war nicht mit Sicherheit zwischen operativ bedingten Veränderungen und erneutem Tumorwachstum zu differenzieren. Das Lymphangiom zeigte sich als typischer Gefäßtumor mit scharf begrenzten Arealen unterschiedlicher Signalintensitäten, wie er sich auch in den anderen bildgebenden Verfahren darstellt. Wegen der geringen Fallzahlen sollten noch keine allgemeingültigen Aussagen gemacht werden. Es dürfte jedoch wie bei der Kernspintomographie der Parotis ähnliches zutreffen

wie im zentralen Nervensystem. Die Sensitivität auf pathologische Prozesse im T_2-betonten Bild ist nicht gleichbedeutend mit einer guten Differenzierung von pathologischen Prozessen. Bislang haben ähnliche Kriterien wie für CT- oder Ultraschalluntersuchungen zu gelten, um zwischen maligne und benigne zu differenzieren. Dies sind insbesondere die Tumorränder und die Form des Tumors. Begleitentzündungen, die oft am Rande von Tumoren auftreten, können die Tumorränder unscharf gestalten und dadurch die oben genannten Kriterien relativieren. Inwieweit dies mit der Kernspintomographie zu differenzieren ist, ist derzeit noch unklar. Über erste Erfahrungen im Nachweis von kleineren Läsionen der Parotis, wie z.B. lokale Entzündungen und Abszesse wird bereits berichtet [1]. Danach soll die Kernspintomographie solche Prozesse nachweisen können und zudem noch die Relation zum Nervus facialis deutlicher aufzeigen. Die Binnenstruktur und die Kontraste unserer untersuchten soliden Parotidtumoren sind als relativ unspezifisch anzusehen. Allein die diffuse subakute Entzündung der gesamten Parotis besaß ein auffälliges Signalverhalten und im Gegensatz zu den Tumoren ein relativ homogenes Parenchym. Eine Aussage über die Dignität der Prozesse mittels der Kernspintomographie ist zumindest heutzutage noch nicht möglich.

Die Kernspintomographie steht derzeit noch nicht in dem Ausmaße zur Verfügung, wie die Computertomographie oder gar der Ultraschall. Auch stellt sie von seiten des Zeitumfangs und der Technik eine relativ aufwendige Untersuchung dar, deren Kosten noch deutlich über denen der Computertomographie liegen. Zieht man all dies in Betracht, läßt sich folgendes feststellen:

Die Diagnose von Speicheldrüsenerkrankungen ist in vielen Fällen durch die klinische Untersuchung und die Biopsie vorzunehmen. Die Fragen an die bildgebenden Verfahren inklusive der Kernspintomographie bleiben deswegen weiterhin die gleichen, nämlich Lage des Prozesses, Ausmaß der Beteiligung der Nachbarorgane und erste Aussagen über die Dignität. Für eine effektive und sinnvolle Diagnostik beschränkt sich damit die Anwendung der teuren Verfahren auf ausgedehnte Tumoren, tief gelegene Prozesse und auf Affektionen des Nervus facialis. Die Kernspintomographie bringt mit Sicherheit eine qualitative Verbesserung durch die überlegenen Weichteilkontraste [4] und die direkte Darstellbarkeit des Nerven, doch haben auch die Computertomographie und konventionelle Schichtverfahren gerade bei Klärung von knöchernen Destruktionen weiterhin ihre Berechtigung. Bei kleinen Prozessen im äußeren Drüsenlappen liefert der Ultraschall wertvolle Hinweise. Klinisch offenkundige Erkrankungen der Speicheldrüsen, die zudem dem Operateur keine vorhersehbaren Schwierigkeiten bereiten, gehören nicht in den Kernspintomographen.

Es sei nochmals betont, daß bisher die Erfahrungen als äußerst gering anzusehen sind. Die oben gemachten Aussagen treffen somit nur für den jetzigen Zeitpunkt zu. Bedenkt man die rasante Entwicklung der Kernspintomographie in den letzten Jahren und das noch ungenutzte Potential der Methode, wie es sich aus den physikalischen und chemischen Prinzipien herleiten läßt, könnte die Kernspintomographie in den nächsten Jahren doch zur führenden bildgebenden Methode für die Untersuchung von Speicheldrüsenerkrankungen werden.

Literatur

1. Hajek PC, Baker LL, Folke JB, Hesselink JR, Robert TM (1986) 1.5 T-Surface-coli imaging of the parotid gland: Anatomy and pathology (Abstract) vorgetragen beim 72nd Scientific and Annual Meeting of RSNA, Chicago 1986. Radiology 161: 221
2. Lenarz T, Haels J, Gademann G, Fritz P (1986) Kernspintomographie in der Diagnostik von Parotistumoren. Ein Methodenvergleich. HNO 34: 515-520
3. Mancuso AA, Hanafee NH (1985) Computed tomography and magnetic resonance imaging of the head and neck, 2nd edit, Williams&Wilkins, Baltimore London, L.A., Sydney
4. Mandelblatt SM, Braun IF, Stephen MF, Patricia CD, Jacobs LH, Hoffmann JC (1986) Comparison study of CT and MR imaging of parotid masses (Abstract), vorgetragen beim 72nd Scientific and Annual Meeting of RSNA, Chicago 1986. Radiology 161: 221
5. Million RR, Cassisi NJ, Wittes RE (1982) Cancer in the head and neck. In: Cancer, De Vita et al. (eds) J.B. Lippincott, Philadelphia Toronto
6. Nakano Y, Nishimura K, Togashi K et al (1986) MR imaging of the parotid gland following sialography (Abstract), vorgetragen beim 72nd Scientific and Annual Meeting of RSNA, Chicago 1986. Radiology 161: 222
7. Schaefer SD, Maravilla KR, Close LG, Dennis KB, Merkel MA, Suss RA (1985) Evaluation of NMR versus CT for parotid masses: a preliminary report. Laryngoscope 95: 945-950
8. Tsuruda JS, Teresi L, Lufkin R, Wong WS, Hanafee WN, Bradley WG (1986) MR imaging of parotid tumors (Abstract), vorgetragen beim 72nd Scientific and Annual Meeting of RSNA, Chicago 1986. Radiology 161: 222
9. Waldeyer A, Waldeyer U, Mayet A (1979) Anatomie des Menschen, 2.T. de Gruyter, Berlin New York
10. Zabel H-J, Bader R, Gehrig J, Lorenz W-J (1987) High-quality MR imaging with flexible transmission line resonators. Radiology 167: 857-859

Diskussionsbemerkungen

Lindemann (Dortmund): Wie hoch ist das Auflösungsvermögen Ihres Kernspintomographen? Haben Sie schon Erfahrung mit „inversion recovery"? Sie haben auf einem Bild auf eine Darstellung des N. facialis hingewiesen. Ist das ohne Schwierigkeiten möglich? So weit mir erinnerlich ist, wird die Differenzierung zwischen Facialis u. Ausführungsgängen der Drüsen als sehr kompliziert betrachtet, weil beide sich sehr ähnlich darstellen.

Gademann (Heidelberg): Mit Hilfe der Oberflächenspule und dem Gradienten, den wir derzeit fahren können, haben wir ein Auflösungsvermögen von ca. 0,7 mm Pixelgröße erreicht. Nach unseren Erfahrungen und vor allem den Ergebnissen von Arbeitsgruppen aus den USA läßt sich der Verlauf des N. facialis mit entsprechenden Geräten und unter Berücksichtigung der Anatomie darstellen und vom Gangsystem abgrenzen.

Stoll (Münster): Wie hoch ist die Quote der falsch positiven Ergebnisse beim Einsatz der Kernspintomographie für die Diagnostik Parotistumoren? Liefert die Kernspintomographie bei den Tumoren, die Sie gezeigt haben, wirklich Informationen, die mir bei einer rein klinischen Untersuchung nicht zugänglich sind?

Gademann (Heidelberg): Aufgrund der niedrigen Fallzahlen lassen sich bislang keine Aussagen zur Treffsicherheit machen. Ich stimme Ihnen zu, daß die Palpation sicher die wichtigste Untersuchung ist. Ich glaube allerdings, daß die Kernspintomographie, insbesondere bei

Tumoren, die in das Spatium parapharyngeum hineinreichen, wichtige topodiagnostische Zusatzinformationen liefern kann. Wir haben das in einzelnen Fällen erlebt.

Weidauer (Heidelberg): Haben Sie Erfahrungen mit der Kernspintomographie bei Parotishämangiomen?

Gademann (Heidelberg): Ich habe hierzu leider keine persönlichen Erfahrungen. Auch aus der Literatur ist mir diesbezüglich nichts bekannt. Da sich Hämangiome allgemein recht kontrastreich darstellen, müßten sie auch in der Parotis mit der Kernspintomographie gut abgrenzbar sein.

Die Bedeutung der Sialographie im Zeitalter moderner bildgebender Verfahren

D. ZIELINSKY

Die Sialographie ist das älteste der bildgebenden Verfahren, das für die Diagnostik von Speicheldrüsenerkrankungen eingesetzt wird.

Geschichte der Sialographie

Schon wenige Jahre nach ihrer Entdeckung wurden die Röntgenstrahlen zur Erforschung der Speicheldrüsen eingesetzt.

Poirier und Charpy (1901, 1904) fertigten Metallausgüsse des Speichelgangsystems an der Leiche mit Quecksilber an, um es dann im Röntgenbild darzustellen [9]. 1913 führte Arcelin [1] als erster eine Sialographie am Patienten durch. Er benutzte eine Wismutaufschwemmung als Kontrastmittel und konnte so einen Speichelstein im Wharton-Gang feststellen. Die Nebenwirkungen waren allerdings erheblich. So kam es nach Applikation des lokal stark reizenden Kontrastmittels zum Auftreten heftiger Schmerzen und einer vorübergehenden Fazialisparese. Auf eine weitere Verbreitung dieser Methode wurde daraufhin verzichtet.

Erst nach der Entwicklung der öligen, jodhaltigen Röntgenkontrastmittel, insbesondere des Lipiodols, wurde Mitte der 20er Jahre erneut über Speicheldrüsendarstellungen berichtet.

In Deutschland waren es Simon [13] und Lange [4], die im Jahre 1932 erstmals Sialographien durchführten.

Die weiter verbesserten Kontrastmittel, sowie geeignetes Kathetermaterial führten dazu, daß die Sialographie bald wichtiger Bestandteil in der Diagnostik von Speicheldrüsenerkrankungen wurde. Heute stehen viele gut verträgliche Kontrastmittel zur Verfügung, von denen zwei, das ölige Kontrastmittel Lipiodol Ultra-Fluid, sowie als wasserlösliches Kontrastmittel das Conray 80 in unserer Klinik zur Anwendung kommen.

Beide Mittel haben denselben Jodgehalt mit 480 mg/ml. Grundsätzlich unterscheiden sich ölige und wäßrige Kontrastmittel in folgenden Eigenschaften: Die öligen Kontrastmittel zeichnen sich durch eine höhere Viskosität gegenüber den wäßrigen aus. Sie mischen sich nicht mit dem im Gangsystem vorhandenen Sekret und erlauben eine gute Abbildung der Gänge bis in die peripheren Aufzweigungen. Wäßrige Kontrastmittel sind weniger viskös und führen theoretisch zur Darstellung auch der feinsten Endverzweigungen. Dennoch wirkt das Sialogramm oft

---

Klinikum der Universität, Universitäts-HNO-Klinik, Feulgenstr. 10, D-6300 Gießen

nicht so kontrastreich, wie mit öligen Kontrastmitteln, da es in der Peripherie zu einem Verdünnungseffekt mit dem im Gangsystem befindlichen Sekret kommt.

Da wir meist die Technik der blinden Füllung der Speicheldrüse anwenden, bevorzugen wir ein wäßriges Kontrastmittel, um bei eventuellen Extravasaten keine nennenswerten Nebenwirkungen zu verursachen.

Technik der Sialographie

Während früher zur Kontrastmittelapplikation meist stumpfe Metallkanülen verwendet wurden, kommen heute in zunehmendem Maße Kunststoffkatheter zum Einsatz. Diese bewähren sich besonders bei der Darstellung der Glandula parotis, da der Stenon-Gang nur ein kurzes Stück gerade verläuft, um dann in einem Bogen um den Musculus masseter zu ziehen. Dieser läßt sich zwar durch Vorziehen der zu untersuchenden Wangenseite nach ventral etwas strecken, mit einer starren Metallkanüle ist aber auch dann der Gang nur ein kurzes Stück zu sondieren. Hierdurch kann es leicht zum Rückfluß von Kontrastmittel in die Mundhöhle kommen, zum anderen besteht die Gefahr einer Gangperforation mit Kontrastmittelaustritt in das Drüsengewebe. Dieses Risiko ist bei Verwendung von Kunststoffkathetern nicht gegeben.

Wir benutzen daher Polyäthylenkatheter, deren Spitze fein ausgezogen ist. In den meisten Fällen gelingt es ohne vorherige Dehnung des Ostiums den Gang zu sondieren und den Katheter ca. 2 cm einzuführen. Entsprechendes gilt für die Katheterisierung des Wharton-Ganges zur Darstellung der Glandula submandibularis.

Bei der Sialographie kommt das Gangsystem der Speicheldrüse zur Darstellung. Aus dieser Tatsache läßt sich bereits herleiten, daß nur solche Speicheldrüsenerkrankungen ein sialographisches Korrelat zeigen, bei denen das Gangsystem primäre, oder sekundäre Veränderungen erfährt.

Der Einteilung nach Seifert folgend, lassen sich morphologisch in der Speicheldrüse drei Krankheitsformen klassifizieren: Sialadenose, Sialadenitis und Tumoren. Klinisch kommen die Steinerkrankungen der Speicheldrüsen hinzu.

Im Nachfolgenden wird anhand von Beispielen auf die diagnostische Wertigkeit der Sialographie bei verschiedenen Speicheldrüsenerkrankungen eingegangen.

Das normale Sialogramm

Für die Deutung und das Erkennen pathologischer Veränderungen der Speicheldrüsen ist die Kenntnis des normalen Füllungsbildes wichtige Voraussetzung. Das normale Sialogramm der Glandula parotis ist gekennzeichnet durch einen zarten Hauptausführungsgang, der bis in den Drüsenkörper ein gleichmäßig weites Kaliber aufweist (Abb. 1). Dort kommt es zu einer bäumchenartigen Aufzweigung des Gangsystems, welches sich zur Drüsenperipherie hin stetig verjüngt. Erweiterungen, Unregelmäßigkeiten, sowie Aussparungen, oder Füllungsdefekte kommen hierbei nicht zur Darstellung. Schulz beschreibt recht ausführlich verschiedene Varianten des normalen sialographischen Bildes [11].

Die Bedeutung der Sialographie

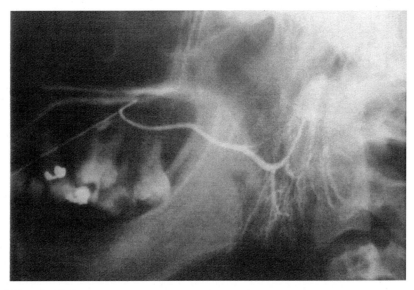

Abb. 1. Normales Sialogramm

Sialolithiasis

Der Nachweis von Speichelsteinen ist sicher eine Domäne der Sialographie. In der überwiegenden Anzahl der Fälle ist bei entsprechender Fragestellung mit Hilfe der Sialographie der Steinnachweis sicher zu führen. Schattengebende Konkremente zeigen sich typischer Weise bereits auf der Leeraufnahme, bzw. der Mundbodenaufnahme (Abb. 2). Die Kontrastmitteldarstellung wird notwendig bei nicht schattengebenden Steinen (Abb. 3).

Das sialographische Bild zeigt den Stein als Kontrastmittelaussparung. Die kontrastgebenden Konkremente sind schon auf der Leeraufnahme zu erkennen. Desweiteren zeigen sich oft prästenotische Gangerweiterungen, sowie entzündliche Veränderungen.

Entzündungen der Speicheldrüsen

Das recht einheitliche Reaktionsmuster der Parotis bei entzündlichen Veränderungen, in Form der Schwellung, kann differentialdiagnostische Schwierigkeiten bereiten. Hier ist die Sialographie in der Lage, wesentlich zur Klärung des Krankheitsbildes beizutragen. Bei nahezu allen entzündlichen Erkrankungen der Speicheldrüsen finden sich mehr oder weniger ausgeprägte Veränderungen des Gangsystems. Eine sichere Diagnose, d.h. eine eindeutige Zuordnung zu einer bestimmten Form der Sialadenitis, ist anhand des sialographischen Befundes nicht möglich. Der Grad der Veränderungen am Gangsystem läßt jedoch Rückschlüsse auf das Ausmaß der Erkrankung zu.

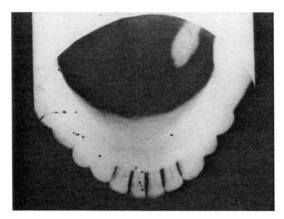

Abb. 2. Stein der Gl. submandibularis auf der Leeraufnahme

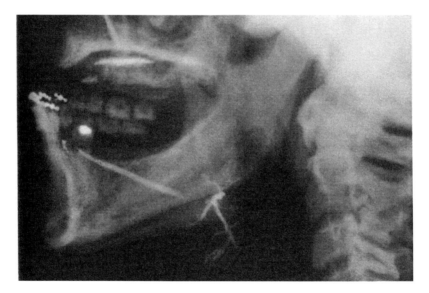

Abb. 3. Nichtschattengebender Stein der Gl. submandibularis in der Kontrastmitteldarstellung

Akute eitrige Parotitis

Die akute Parotitis zeigt sich mit einer Engstellung der Gänge in Folge der entzündlichen Parenchymschwellung. Desweiteren kommt es zu einer frühzeitigen, als pathologisch zu bewertenden Parenchymdarstellung, sowie umschriebenen Gangvergröberungen in der Drüsenperipherie, als Folge des Sekretstaus.

Wegen der erheblichen Schmerzbelastung des Patienten lehnen wir die Sialographie bei der akuten Parotitis ab, denn das Beschwerdebild bereitet selten diagnostische Schwierigkeiten und die Sialographie trägt kaum zur weiteren Klärung bei (Abb. 4).

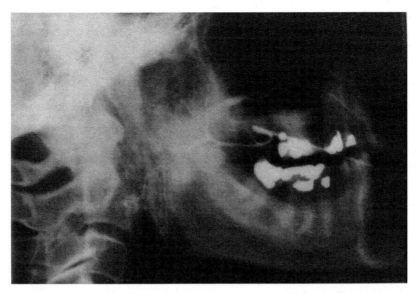

Abb. 4. Akute eitrige Parotitis. Das Drüsenparenchym kommt diffus zur Darstellung, als Zeichen eines frühzeitigen, als pathologisch zu bewertenden Kontrastmittelaustritts

Chronisch obstruktive Sialadenitis

Die chronisch obstruktiven Sialadenitiden, zu denen die chronisch rezidivierende Sialadenitis, sowie die Elektrolytsialadenitis gehören, bieten im Sialogramm je nach dem Stadium der Erkrankung einen charakteristischen Befund. Mit Fortschreiten der Erkrankung kommt es in Folge von Proliferationen des Gangepithels und Sekretbildungsstörungen zu Obstruktionen des Gangsystems. Man findet dann sialographisch zunächst nur umschriebene Vergröberungen und Erweiterungen der Endaufzweigungen (Abb. 5).

Mit Fortschreiten der Erkrankung kommt es infolge der Epithelproliferation zu Gangobstruktionen und peripher davon zu vorerst kleinen Ektasien, die z. T. perlschnurartig angeordnet sind und deren Kaliber mit Progredienz der Erkrankung zunimmt (Abb. 6).

Im Endstadium sieht man das Bild einer völlig ausgebrannten Drüse, mit ektatischem Hauptausführungsgang und einer Rarefizierung der peripheren Gänge, als Ausdruck des Untergangs an funktionsfähigem Drüsenparenchym (Abb. 7).

Myoepitheliale Sialadenitis (Sjögren-Syndrom)

Das Sjögren-Syndrom kommt fast ausschließlich bei Frauen im fortgeschrittenen Alter vor. Im Rahmen der Erkrankung kommt es zu einer meist beidseitigen Schwellung der Ohrspeicheldrüsen, einer Keratokonjunktivitis sicca, begleitet von z. T. quälender Mundtrockenheit. Das sialographische Bild kann dem der frühen

Abb. 5. Juvenile Form der chronisch rezidivierenden Parotitis, mit umschriebenen Erweiterungen der peripheren Endaufzweigungen

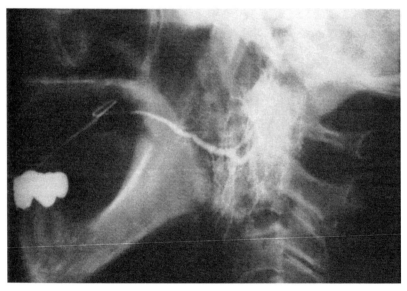

Abb. 6. Chronisch obstruktive Parotitis mit Ektasien im Bereich der Hauptausführungsgänge, die z. T. perlschnurartig angeordnet sind.

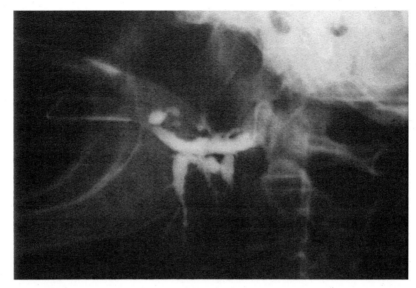

Abb. 7. Fortgeschrittene obstruktive Sialadenitis. Das Gangsystem ist maximal dillatiert, die peripheren Drüsenanteile kommen als Ausdruck des Untergangs an Drüsenparenchym nicht mehr zur Darstellung

Stadien bei der chronisch obstruktiven Sialadenitis ähneln. Der Stenon-Gang ist meist unauffällig, die Hauptaufzweigungen kommen zart zur Darstellung und beherrscht wird das Bild von kugeligen Ektasien, die sich über die gesamte Drüse ausbreiten.

Zusammen mit den klinischen Angaben, wie Mundtrockenheit, rheumatoiden Erkrankungen kann dieses Bild ein wichtiger Hinweis für das Vorliegen eines Sjögren-Syndroms sein (Abb. 8).

Sarkoidose

Die Sarkoidose ist eine systemische Erkrankung unklarer Genese. Auch im Bereich der Speicheldrüsen kann es zu Manifestationen der Erkrankung kommen. In 1-6% aller Sarkoidose-Erkrankungen liegt ein Heerford-Syndrom vor, das durch die Trias Fieber, Uveitis und Parotitis gekennzeichnet ist. Die Veränderungen der Ohrspeicheldrüse werden nach dem histologischen Bild als epitheloidzellige Sialadenitis bezeichnet. Die Volumenzunahme des gesamten Drüsenparenchyms bewirkt ein Auseinanderweichen der Drüsengänge, so daß ein spinnenförmig enggestelltes Gangsystem zur Darstellung kommt [7]. Bei rasch auftretender epitheloidzelliger Sialadenitis zeigt das Sialogramm (Abb. 9) häufig eine unvollständige Darstellung der feineren Gangaufzweigungen, sowie eine Kontrastmittelanschoppung in der Peripherie, die als sog. Parenchymfärbung, bzw. als azinäre Füllung bezeichnet wird [8]. Die Sialographie liefert zwar keine sarkoidosespezifi-

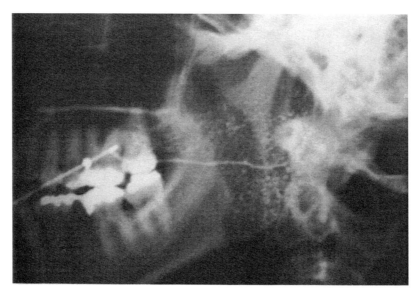

Abb. 8. Myoepitheliale Sialadenitis bei Sjögren-Syndrom mit zartem Gangsystem und kugeligen Ektasien in der Peripherie

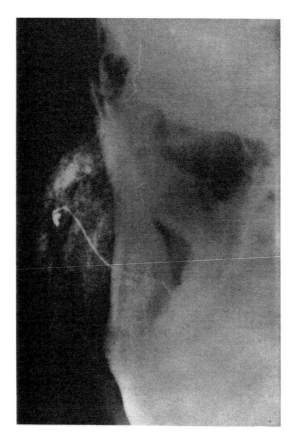

Abb. 9. Epitheloidzellige Sialadenitis bei Sarkoidose (M. Boeck). Es zeigt sich ein zartes Gangsystem, sowie eine Kontrastmittelanschoppung in der Peripherie (= azinäre Füllung)

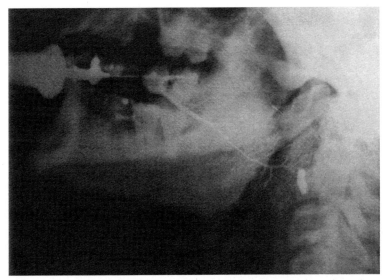

Abb. 10. Das Sialogramm einer Aktinomykose der Parotis. Neben den Zeichen einer akuten Entzündung erkennt man Einschmelzungen in der Drüsenperipherie

schen Befunde, kann jedoch als Routineuntersuchung bei Speicheldrüsenschwellungen den Verdacht in Richtung einer granulomatösen Erkrankung lenken.

Als Beispiel für eine spezifische Entzündung möchte ich das Sialogramm einer Aktinomykose der Glandula Parotis zeigen.

Neben Zeichen einer subakuten, bzw. einer chronischen Entzündung finden sich hierbei ausgeprägte Einschmelzungen in der Drüsenperipherie (Abb. 10).

Sialadenose

Der von Rauch [10] geprägte Begriff der Sialadenose (oder Sialose) umfaßt ein klinisch und morphologisch gut abgrenzbares Krankheitsbild, das durch Sekretionsstörungen aller Speicheldrüsen, besonders jedoch der Gl. Parotis gekennzeichnet ist. Nach der Definition von Seifert [12] läßt sich die Erkrankung als eine nichtentzündliche, parenchymatöse Speicheldrüsenerkrankung, die auf Stoffwechsel- und Sekretionsstörungen des Drüsenparenchyms beruht und meist mit einer rezidivierenden, schmerzlosen, doppelseitigen Speicheldrüsenschwellung, besonders der Parotis, einhergeht, beschreiben. Die Schwellung stellt sich unabhängig von der Nahrungsaufnahme ein. Wir sehen keine Geschlechtsdisposition, der Altersgipfel ist das 4.-7. Lebensjahrzehnt. Viele Erkrankungen der endokrinen Drüsen gehen mit einer Speicheldrüsenvergrößerung im Sinne einer Sialadenose einher.

Wir treffen dieses Krankheitsbild an beim Diabetes mellitus, der Hypothyreose, Dysfunktion der Keimdrüsen, insbesondere in Belastungsphasen, wie Schwangerschaft, Laktation und Klimakterium, außerdem medikamenteninduziert durch Antihypertensiva (besonders Guanethidin) und Antidepressiva, sowie

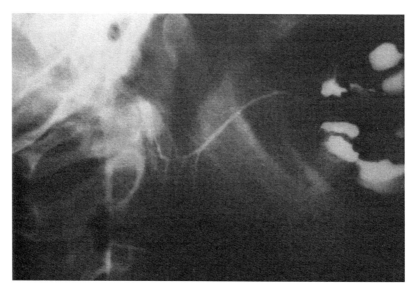

Abb. 11. Sialadenose bei Diabetes mellitus mit enggestelltem Gangsystem und Rarefizierung der Endaufzweigungen. Es zeigt sich das Bild des „entlaubten Winterbaumes"

bei chronischem Alkoholabusus (Abb. 11). In der Sialographie zeigt sich ein recht typisches Bild: In der Anfangsphase sind der Stenon-Gang, sowie die Hauptausführungsgänge unauffällig z.T. sehr zart dargestellt. Die nachfolgenden interglandulären Gänge weisen ein enges Kaliber auf, genau wie die Gänge 2. und 3. Ordnung. Die Endverzweigungen sind nur spärlich darstellbar. Im Endstadium werden diese Endverzweigungen überhaupt nicht mehr dargestellt, desweiteren kommt es zu einer deutlichen Verminderung der Zahl der darstellbaren Gänge, der Drüsenbaum wirkt auffallend spärlich, so daß Borsanyi [2] das Bild mit dem eines entlaubten Winterbaumes verglich. Verläßlich ist die Diagnose einer Sialdenose nur durch die Histologie zu stellen.

Tumore der Speicheldrüsen

Bei Durchsicht der Literatur wird man sehr unterschiedliche Angaben über den Wert der Sialographie in der Tumordiagnostik finden [3]. Die Diagnostik der Speicheldrüsentumoren anhand der Sialogramme stellt sehr hohe Anforderungen an den Untersucher, genau wie an die verwendete Methode. Wie bei allen Speicheldrüsenerkrankungen kommt gerade bei den Tumoren der Anamnese, sowie dem klinischen und Palpationsbefund eine große Bedeutung zu. Folgende Fragen sollten vor Beginn der Therapie zu klären sein:

1. liegt der Tumor innerhalb, oder außerhalb der Speicheldrüse?
2. in welchem Drüsenanteil liegt der Tumor? (posterior-superior, posterior-inferior, anterior, oder medial im tiefen Drüsenanteil)

Die Bedeutung der Sialographie

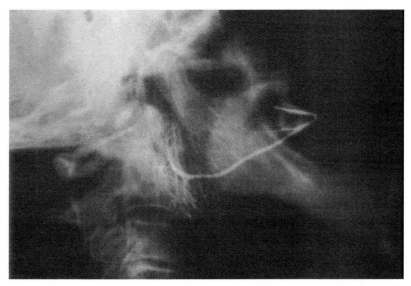

Abb. 12. Pleomorphes Adenom der Gl. parotis. Das Gangsystem wird durch den Tumor verdrängt. Die über den Tumor laufenden Gänge sind in ihrem Verlauf deutlich gestreckt. Die Gänge kommen jedoch weitgehend regelrecht und scharf begrenzt zur Darstellung

3. Größe des Tumors?
4. liegt ein gut- oder bösartiger Tumor vor?

Tumore der Speicheldrüse können zu folgenden sialographischen Veränderungen führen: Kontrastmittelaussparungen, Verdrängung des Drüsenparenchyms, Kontrastmittelstop, unvollständige Gangfüllungen, sowie Kontrastmittelaustritte in das Drüsenparenchym.

Die überwiegende Anzahl der Speicheldrüsentumoren ist gutartig, im Vordergrund steht hierbei das pleomorphe Adenom. Die gutartigen Geschwülste imponieren im Sialogramm durch die Verdrängung der Speicheldrüsengänge in ihrer unmittelbaren Umgebung, so daß der Untersucher meist in der Lage ist, beim Vergleich der Röntgenbilder in zwei Ebenen die Lokalisation anzugeben. Die umschriebenen, vorwiegend verdrängend wachsenden Tumoren zeigen sich meist in Form von Kontrastmittelaussparungen.

Bei Sitz des Tumors in tieferen Drüsenanteilen, erscheinen die über dem Tumor verlaufenden Gänge gestreckt. Im Normalfall sind die einzelnen Gänge jedoch in ihrem gesamten Verlauf bis in die Peripherie zu verfolgen (Abb. 12). Das Gangsystem ist intakt und scharf begrenzt. Bei großen Tumoren kann es in Folge einer kompressionsbedingten Obstruktion auch zu Dilatation einzelner Gangabschnitte kommen, wie sie bei Entzündungen zu sehen sind (Abb. 13).

Bei den infiltrativ wachsenden, malignen Tumoren ist das Gangsystem oft regellos unterbrochen. Die Drüsenstruktur ist teilweise völlig ausgelöscht und wird durch unregelmäßige Gangfragmente ersetzt. Die noch nicht befallenen Drüsenanteile können wie bei gutartigen Tumoren verdrängt werden, jedoch fehlt hier die glatte Begrenzung (Abb. 14).

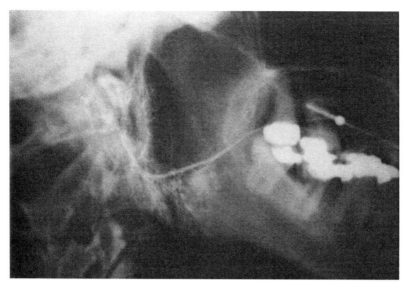

Abb. 13. Pleomorphes Adenom der Gl. parotis. Infolge der Kompression durch den Tumor kommt es zu Veränderungen in der Peripherie, die denen der obstruktiven Parotitis ähneln

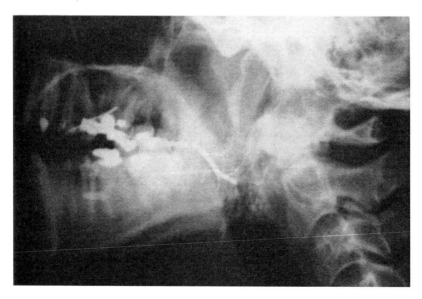

Abb. 14. Adenoid-zystisches Karzinom der Parotis mit Gangabbruch, sowie z. T. fehlender Darstellung der peripheren Gänge

Schwierigkeiten stellen sich bei der Beurteilung von Metastasen maligner Tumoren inner- und außerhalb der Speicheldrüse ein [5]. Sie können sowohl den Eindruck eines gutartigen Wachstums vermitteln, indem sie expansiv, das Drüsengewebe verdrängend zu typischen sialographischen Bildern führen. Ebenso können sie sich im Sialogramm mit Zeichen eines infiltrierenden Wachstums darstellen. Grundsätzlich ist dann nicht zu erkennen, ob es sich um eine Lymphknotenmetastase, oder einen Parotistumor handelt.

Zusammenfassend ist festzustellen, daß die Sialographie auch heute noch eine wertvolle Methode für die Diagnostik der Speicheldrüsenerkrankungen darstellt. Dies gilt insbesondere dann, wenn Veränderungen des Gangsystems zu erwarten sind. Letztere finden sich vornehmlich bei den verschiedenen Formen der Speicheldrüsenentzündungen und bei der Sialolithiasis.

Hier erlaubt das Ausmaß der sialographisch dargestellten Gangschädigungen indirekt einen Rückschluß auf das Stadium und somit die Prognose der Erkrankung. Einschränkend muß allerdings festgestellt werden, daß eine Differenzierung der unterschiedlichen Formen der Sialadenitis anhand der Sialographie nicht sicher möglich ist. So gibt es weder für die chronisch rezidivierende Parotis, noch für die myoepitheliale Sialadenitis oder die epitheloidzellige Sialadenitis eine „typisches" Sialogramm.

Ganz besondere Bedeutung kommt der Sialographie bei der Sialolithiasis zu. Insbesondere wenn es sich um nichtschattengebende Konkremente handelt. Es wird hierbei die Lokalisation und was besonders wichtig ist, auch die Anzahl der Steine dargestellt. Damit wird dem Chirurgen ein wichtiger Hinweis geliefert, ob durch die Extraktion eines einzelnen Steines die Drüse saniert werden kann, oder ob beim Vorliegen multipler Konkremente die Entfernung der gesamten Drüse erforderlich ist. Zur Beantwortung dieser Fragestellung ist die Sialographie allen anderen bildgebenden Verfahren bislang deutlich überlegen.

Die Sialographie kann bei den Tumoren der Speicheldrüse nur Hinweise geben, aber niemals eine endgültige Diagnose herbeiführen, schon gar nicht sind Rückschlüsse auf die Morphologie zulässig.

Dennoch ist es in einem hohen Prozentsatz möglich, allein aus den klinischen Angaben, der Anamnese und dem Palpationsbefund zusammen mit der Sialographie die richtige Diagnose zu stellen. Jedoch sollten hier die modernen bildgebenden Verfahren zur weiteren Diagnostik eingesetzt werden [6].

Literatur

1. Arcelin J (1913) Rev prat electr radiol med 3: 3, zitiert nach Rauch 1959
2. Borsanyi SJ (1962) Chronic asymptomatic enlargement of the parotid glands. Ann Otol Rhinol St. Louis 71: 857
3. Calcaterra TC et al. (1977) The value of sialography in the diagnosis of parotid tumors. Arch Otolaryngol 103 (12): 727-729
4. Lange K (1932) Die Darstellung der Parotisgänge mittels Lipiodol bei Speichelfisteln. Chirurg Berlin 4: 877
5. Lohkamp F, Clausen C (1977) Die Bedeutung der Computertomographie für die tnm-Klassifikation der Gesichtsschädelmalignome im Bereich der Nasennebenhöhlen, des Nasopharynx und der Parotis. Z Laryngol Rhinol 56: 740-748

6. Lohkamp F, Clausen C (1977) Computertomographie der Parotis. Z Laryngol Rhinol 56: 104-120
7. Maier H, Bihl H, Born IA, Adler D (1985) Sarkoidose der Glandula parotis. Laryngol Rhinol Otol 64: 537-541
8. Pfeiffer K (1963) Über die Boecksche Erkrankung der Kopfspeicheldrüsen; zugleich ein Beitrag zur Analyse des Mikulicz-Syndroms. Radiologe 4: 165-173
9. Poirier P, Charpy A (1901) Anatomie Humaine, Tome IV, Masson Paris 1901 p 678, zitiert nach Rauch 1959
10. Rauch S (1959) Die Speicheldrüsen des Menschen. Anatomie, Physiologie und klinische Pathologie. Thieme, Stuttgart
11. Schulz H-G (1969) Das Röntgenbild der Kopfspeicheldrüsen. Johann Ambrosius Barth Leipzig, S 26-40
12. Seifert G (1971) Klinische Pathologie der Sialadenitis und Sialadenose. HNO 19: 1-9
13. Simon E (1934) Erkrankungen der Ohrspeicheldrüse im Röntgenbild. Chirurg Berlin 6: 404

Diskussionsbemerkungen

Adler (Heidelberg): Es wird immer behauptet, daß anhand der Sialographie eine Aussage zum Verlauf des N. facialis möglich sei. Welche Erfahrungen haben Sie diesbezüglich?

Zielinsky (Gießen): Diese Problematik wurde in der Literatur mehrfach angegangen. Das Fazit der meisten Untersuchungen hat ergeben, daß anhand der Sialographie keine sichere Topodiagnostik des N. facialis möglich ist.

TNM-Klassifikation maligner Tumoren der Kopfspeicheldrüsen

W. SCHWAB und B. P. E. CLASEN

Zusammenfassung

Seit dem 1.1.1987 gelten neue TNM-Klassifikationsrichtlinien der UICC. Erstmals verbindlich festgelegt sind die T-Kategorien der Kopfspeicheldrüsen, während die für den gesamten Kopf-Hals-Bereich geltenden N-Kategorien tiefgreifende Änderungen erfahren haben. Die M-Kategorien blieben unverändert. Vorgestellt werden die neuen Richtlinien und ihre Anwendung mit den organspezifischen Erhebungsbögen der Arbeitsgemeinschaft Klinische Onkologie der Deutschen Gesellschaft für Hals-Nasen-Ohrenheilkunde, Kopf- und Halschirurgie.

Die UICC (unio internationalis contra cancrum) hat seit den sechziger Jahren im TNM-System Richtlinien zur Klassifizierung von malignen Geschwülsten erarbeitet. Es ist der wesentliche Vorteil des TNM-Systems, daß der Komplex der Tumorausbreitung in einzelne Faktoren aufgelöst und dadurch eine gesonderte Beschreibung der verschiedenen Abschnitte einer Tumorerkrankung möglich wird.

Das TNM-System erlaubt als einziges weltweit eingeführtes Klassifikationsschema bei nahezu allen Organtumoren die Erkrankung nach einheitlichen Regeln zu klassifizieren. Im Interesse einer internationalen Vergleichbarkeit der erhobenen Befunde sowohl im Einzelfall als auch im statistischen Kollektiv kann daher heute als Klassifikationsschema nur noch das TNM-System empfohlen werden. Ziel der UICC ist es, mit dem TNM-System eine Methode bereitzustellen, die es gestattet, die eigenen klinischen Erfahrungen in exakter und eindeutiger Weise anderen mitzuteilen und Unterlagen für vergleichbare Statistiken zu liefern.

Der Kopf-Hals (head and neck)-Bereich ist in der besonderen Situation, daß er seit langem praktisch vollständig durchklassifiziert ist. Bekanntlich lagen bis vor kurzem – außer für das Organ *innere Nase und Nebenhöhlen* – lediglich für die *Kopfspeicheldrüsen* noch keine verbindlichen Klassifizierungsrichtlinien seitens der UICC vor. In der vierten Revision [2] der general rules for classification of malignant tumors hat die UICC nun diese Lücken geschlossen. Die ab 1.1.1987 gültigen Regeln stellen eine Modifikation des 1981 von Levitt und Mitarbeitern [3] eingebrachten Konzepts dar, in ihnen erkennt man aber auch Tendenzen, die dem Vorschlag von Spiro und Mitarbeitern [6] sowie den Überlegungen der Arbeitsgemeinschaft Klinische Onkologie der Deutschen Gesellschaft für Hals-Nasen-Ohrenheilkunde, Kopf- und Halschirurgie (AO/HNO) unter W. Schwab

---

HNO-Klinik und Poliklinik rechts der Isar der TU München, Ismaninger Str. 22, D-8000 München 80

(aufgrund zweier Pilotstudien 1976-1980 und 1981-1985 mit insgesamt über 800 Fällen) zugrunde lagen.

Zur relativen Häufigkeit bösartiger Neubildungen und ihrer Metastasierungstendenz werden zunächst einige repräsentative Zahlen genannt, die aus internationalen Statistiken unter Einschluß der schon erwähnten zwei Pilotstudien der AO/HNO errechnet sind und die sich mit den Aussagen des Vier-Autoren-Buches von Seifert, Miehlke, Haubrich und Chilla „Speicheldrüsenkrankheiten" [5] im wesentlichen decken.

Neben den drei paarig angelegten großen Kopfspeicheldrüsen Parotis, Submandibularis und Sublingualis gibt es noch etwa 700-1000 kleine Kopfspeicheldrüsen, die vorwiegend in der Mundhöhle und im Oropharynx lokalisiert sind (50% am Gaumen, der Rest verteilt sich auf die Bereiche Inneres Lippenrot, Wangenschleimhaut, Zunge, Mundboden und sonstige Regionen). Zur Häufigkeit maligner Neoplasien und zum pathohistologischen Verteilungsmuster siehe Tabelle 1 und 2.

Prätherapeutisch ist bei Parotismalignomen in 20% mit Lymphknotenmetastasen zu rechnen. Dieser Wert steigt im weiteren Krankheitsverlauf im engen Zusammenhang mit dem Auftreten von lokalen Rezidiven auf 40% an, wobei mit Werten von über 60% Plat-

Tabelle 1. Häufigkeit maligner Speicheldrüsenneoplasien

Parotis	Kleine Spdr.
submand.	700-1000
subling.	vorwiegend Mundhöhle und Oropharynx

Gesamtanteil der Neubildungen:		davon maligne:
Parotis	80%	20%
Submand.	10%	45%
Subling.	1%	90%
Kleine Spdr.	9%	45%
Lymphkn. Met.	20%-40% (bis über 60%)	
Fernmet.	2%-30% (bis über 60%)	

Tabelle 2. Histologischer Befund maligner Speicheldrüsentumoren, relative Häufigkeit

Azinuszelltumoren	15%	
Mukoepidermoidtumoren	30%	
Karzinome	55%	
davon:		
adenoidzystische Karzinome		20%
(früher sog. Zylindrome)		
Adenokarzinome		5%
(papillär schleimbildend)		
Plattenepithelkarzinome		5%
Karzinome in pleomorphen Adenomen		11%
sonstige Karzinome		14%
(Speichelgangskarzinome, Talgdrüsenkarzinome, hellzellige Karzinome, undifferenzierte Karzinome)		

tenepithelkarzinome, undifferenzierte Karzinome und Adenokarzinome an der Spitze liegen [1].

Ähnlich eng ist der Zusammenhang zwischen dem Auftreten von Fernmetastasen und Rezidiven. Prätherapeutisch weisen nur etwa 2% aller Parotismalignome Fernmetastasen auf, dieser Wert steigt jedoch im weiteren Krankheitsverlauf auf über 60% an, insbesondere bei adenoidzystischen Karzinomen. Das heißt, daß während der Nachsorge von Patienten, die an malignen Speicheldrüsenerkrankungen therapiert wurden, bei jedem Rezidiv nicht nur auf eine mögliche regionäre Lymphknotenmetastasierung sondern auch auf das Auftreten von Fernmetastasen zu achten ist. Hier ist die bei weitem bevorzugte Lokalisation die Lunge, gefolgt vom Skelettsystem, Leber und Gehirn [1].

Einzelheiten der TNM-Klassifikation für das Organ Kopfspeicheldrüsen

Das TNM-System bestimmt die lokale, die lokoregionale und die Fernausbreitung maligner Geschwülste. Das *Symbol T* steht für den Primärtumor, wobei die Begleitziffern 1-4 die steigende Ausdehnung charakterisieren. Das *Symbol N* legt die lokoregionale Ausbreitung, also im Kopf-Hals-Gebiet die Halslymphknotenmetastasierung fest mit den Ziffern 0, 1, 2 und 3. Das *Symbol M* definiert die Fernmetastasierung, wobei lediglich in M0 (keine Fernmetastasierung) und M1 (vorhandene Fernmetastasen) unterschieden wird. Sind die Minimalerfordernisse zur Bestimmung des Primärtumors, der regionalen Lymphknotenmetastasierung oder der Fernmetastasen nicht erfüllt, so ist dies durch TX, NX oder MX zu kennzeichnen [2, 4].

In diesem Zusammenhang ist als weiteres Merkmal der sogenannte C-Faktor zu nennen. Der *C-Faktor (C=certainty) - Sicherungsgrad -* gibt an, mit welchen diagnostischen Verfahren die Diagnose des Primärtumors, der Lymphknoten- und der Fernmetastasen abgesichert wurde. Korrekterweise gehört also zur Dokumentation jeder der TNM-Kategorien die Nennung des Sicherungsgrades dazu. Die prätherapeutische Klassifikation (TNM) kann sich auf die Sicherungsgrade C1 bis C3, die postoperative histologische Klassifikation (pTNM) auf die Sicherungsgrade C4 und C5 stützen.

a) T-Kategorien

Die neuen Richtlinien der UICC für die T-Kategorien gelten für die *grossen Kopfspeicheldrüsen, die kleinen Kopfspeicheldrüsen* werden in der Region oder dem Bezirk ihres jeweiligen Auftretens mit verschlüsselt (für sie trifft also die jeweils dort gültige T-Kategorisierung zu).

T0 Keine Evidenz für das Vorliegen eines Primärtumors
T1 Tumor mißt 2 cm oder weniger in seiner größten Ausdehnung.
T2 Tumor mißt mehr als 2 cm aber höchstens 4 cm in seiner größten Ausdehnung.
T3 Tumor mißt mehr als 4 cm aber höchstens 6 cm in seiner größten Ausdehnung.
T4 Tumor mißt mehr als 6 cm in seiner größten Ausdehnung.
TX Die Minimalerfordernisse zur Beurteilung des Primärtumors sind nicht erfüllt.

Tabelle 3. TNM-Kategorien, C-Faktor

T = Primärtumor		N = reg. Lymph-knotenmetastasen	M = Fern-metastasen
1 =		0	0
2 =	steigende	1	1
3 =	Aus-	2	
4 =	dehnung		
		3	

	C-Faktor
C1	Ergebnisse aufgrund von diagnostischen Standardmethoden, z. B. Inspektion, Palpation und Standard-Röntgenaufnahmen, intraluminale Endoskopie bei bestimmten Organen.
C2	Ergebnisse aufgrund spezieller diagnostischer Maßnahmen, z. B. bildgebende Verfahren: Röntgenaufnahmen in speziellen Projektionen, Schichtaufnahmen, Computertomographie (CT), Sonographie, Lymphographie, Angiographie; nuklearmedizinische Untersuchungen; Kernspintomographie (NMR); Endoskopie, Biopsie und Zytologie.
C3	Ergebnisse aufgrund chirurgischer Exploration einschließlich Biopsie und zytologischer Untersuchung.
C4	Ergebnisse über die Ausdehnung der Erkrankung nach definitiver Chirurgie und pathologischer Untersuchung des Tumorresektats.
C5	Ergebnisse aufgrund einer Autopsie.

Alle Kategorien sind unterteilt in a) ohne local extension (örtliche Ausbreitung) und b) mit local extension. Darunter wird verstanden eine makroskopisch feststellbare Ausbreitung des Malignoms auf angrenzende Strukturen wie Haut, Weichteilgewebe, Knochen oder Nerven. Die mikroskopische Feststellung eines Übergreifens alleine genügt nicht zur Klassifizierung nach b).

Erstmalig verläßt hier die UICC den bisher beschrittenen Weg der Gleichartigkeit der T-Kategorien, nach dem T4 immer Ausbreitung auf Nachbarschaftsorgane bedeutet, und ordnet die T-Kategorien ausschließlich nach der Tumorgröße. Da diese Regelung im Gegensatz steht zur Handhabung in den übrigen Kopf-Hals-Regionen, stellt sie eine potentielle Fehlerquelle dar und erfordert bei der Dokumentation erhöhte Aufmerksamkeit (Tabelle 3).

Tabelle 4. N-Kategorie, alte Fassung

N_0	Keine Evidenz für einen Befall der regionären Lymphknoten
N_1	Bewegliche homolaterale Lymphknoten
N_2	Bewegliche kontralaterale oder bilaterale Lymphknoten
N_3	Fixierte regionäre Lymphknoten
N_x	Die Minimalerfordernisse zur Beurteilung der regionären Lymphknoten liegen nicht vor

Tabelle 5. N-Kategorie, neue Fassung

N_0	Keine Evidenz für einen Befall der regionären Lymphknoten
N_1	Metastase in einem einzelnen ipsilateralen Lymphknoten mit 3 cm oder weniger Größenausdehnung
N_2	Metastase in einem einzelnen ipsilateralen Lymphknoten mit mehr als 3 cm aber weniger als 6 cm größtem Durchmesser *oder* Metastasen in mehreren ipsilateralen Lymphknoten, von denen keiner mehr als 6 cm im größten Durchmesser mißt, *oder* in bilateralen oder kontralateralen Lymphknoten, von denen keiner mehr als 6 cm im größten Durchmesser mißt
N_{2a}	Metastase in einem einzelnen ipsilateralen Lymphknoten, mit mehr als 3 cm, aber nicht mehr als 6 cm im größten Durchmesser
N_{2b}	Metastasen in multiplen ipsilateralen Lymphknoten, von denen keiner mehr als 6 cm im größten Durchmesser mißt
N_{2c}	Metastasen in bilateralen oder kontralateralen Lymphknoten, von denen keiner mehr als 6 cm im größten Durchmesser mißt
N_3	Lymphknoten-Metastase(n) mit einem Durchmesser von mehr als 6 cm
N_x	Die Minimalerfordernisse zur Beurteilung der regionären Lymphknoten liegen nicht vor

b) N-Kategorien

Die N-Kategorie ist ab dem 1.1. 1987 von der UICC neu festgelegt, sie gilt für den gesamten Kopf-Hals-Bereich (Tabelle 4 u. 5).

Auch hier hat die UICC eine durchgreifende Wandlung vollzogen: bemerkenswert ist die starke Gewichtung der meßbaren Größenausdehnung der Lymphknoten, zu deren Gunsten die Feststellung der Fixation völlig verlassen wurde.

c) M-Kategorie

Die M-Kategorie bleibt ohne Veränderung für den gesamten Kopf-Hals-Bereich gültig (Tabelle 6):

Tabelle 6. M-Kategorie

MX	Die Minimalerfordernisse zur Feststellung von Fernmetastasen liegen nicht vor
M0	Keine Evidenz für Fernmetastasen
M1	Fernmetastasen vorhanden

Die Kategorie M1 kann weiter hinsichtlich der Lokalisation nach Tabelle 5 spezifiziert werden.

Tabelle 7. Lokalisationsschlüssel für Fernmetastasen

Lunge:	PUL	Knochenmark:	MAR
Knochen:	OSS	Pleura:	PLE
Leber:	HEP	Peritoneum:	PER
Cerebrum:	BRA	Haut:	SKI
Lymphknoten:	LYM	Andere:	OTH

d) Stadieneinteilung – stage grouping

Die Stadieneinteilung des Tumorleidens hat bei der Klassifizierung nach den Vorstellungen der UICC gegenüber dem TNM-System absolut nachrangige Bedeutung. Bei den großen Kopfspeicheldrüsen macht es die Besonderheit, alle T-Kategorien in a) und b) zu unterteilen, notwendig, auch im stage grouping eine abweichende Regelung vorzunehmen; da auch keine Tis-Kategorie vorgesehen ist, entfällt zwangsläufig das Stadium 0 (Tabelle 8 u. 9).

Tabelle 8. Stadieneinteilung für alle Kopf-Hals-Organe mit Ausnahme der großen Kopfspeicheldrüsen

Stadium 0	T_{is}	N_0	M_0
Stadium I	T_1	N_0	M_0
Stadium II	T_2	N_0	M_0
Stadium III	T_3	N_0	M_0
	T_1–T_3	N_1	M_0
Stadium IV	T_4	N_0, N_1	M_0
	jedes T	N_2, N_3	M_0
	jedes T	jedes N	M_1

Tabelle 9. Stadieneinteilung großer Kopfspeicheldrüsen

Stadium I	T_{1a}	N_0	M_0
	T_{2a}	N_0	M_0
Stadium II	T_{1b}	N_0	M_0
	T_{2b}	N_0	M_0
	T_{3a}	N_0	M_0
Stadium III	T_{3b}	N_0	M_0
	T_{4a}	N_0	M_0
	jedes T (außer 4b)	N_1	M_0
Stadium IV	T_{4b}	jedes N	M_0
	jedes T	N_2, N_3	M_0
	jedes T	jedes N	M_1

e) Sonstiges

pTNM – postoperative histopathologische Klassifikation

Die Klassifizierung nach dem chirurgischen Eingriff und der vollständigen Auswertung des therapeutisch gewonnenen Resektionspräparates erfolgt nach den gleichen Richtlinien wie bei der prätherapeutischen Klassifizierung: d. h. Richtlinien TNM = Richtlinien pTNM.

y-Symbol

Gingen dem definitiven chirurgischen Eingriff Behandlungen mit anderen Methoden voraus, ist dieses bei der pTNM-Klassifikation durch das vorangestellte y-Symbol zu kennzeichnen (z.B. ypT2N0M0).

r-Symbol

Tumor-Rezidive können durch TNM beschrieben werden, der TNM- bzw. der pTNM-Klassifikation ist dann das r-Symbol voranzustellen.

Bei Verwendung der Erhebungsbögen der AO/HNO kann die Kennzeichnung durch die Symbole y und r entfallen, da der gesamte Krankheitsverlauf erfaßt wird.

R-Klassifikation (erstmals in der 4. Revision aufgeführt)

Das Vorhandensein eines Residualtumors nach der primären Therapie kann durch die R-Klassifikation (vgl. Erhebungsbögen) dokumentiert werden. Die für alle Kopf-Hals-Bereiche einheitlichen Richtlinien lauten:

R0 keine Evidenz für das Vorliegen eines Residualtumors
R1 Mikroskopischer Residualtumor
R2 Makroskopischer Residualtumor
RX Die Minimalerfordernisse zur Beurteilung eines Residualtumors sind nicht erfüllt.

G-Histopathologischer Differenzierungsgrad (grading)

Die Definitionen des Differenzierungsgrades G1–G3 und GX für den gesamten Kopf-Hals-Bereich bleiben unverändert. In der 4. Revision wird der Differenzierungsgrad G4 neu eingeführt (Tabelle 10).

Tabelle 10. Grading

Histologischer Differenzierungsgrad (Grading)	
GX	Die Minimalerfordernisse zur Bestimmung des Differenzierungsgrades liegen nicht vor
G1	Gut differenziert
G2	Mäßiger Differenzierungsgrad
G3	Schlecht differenziert
G4	Undifferenziert

Wie weit die internationale Übereinkunft fortgeschritten ist, läßt die Tatsache erkennen, daß die hier genannten Richtlinien von einer großen Anzahl internationaler Organisationen empfohlen werden (Tabelle 11):

Tabelle 11. Internationale Organisationen, die das TNM-System akzeptieren

AJCC	– American Joint Committee on Cancer
BIJC	– British Isles Joint TNM Classification Committee
CNC	– Canadian National TNM Committee
DSK	– Deutschsprachiges TNM-Komitee
ICPR	– International Commission on Stage Grouping in Cancer and the Presentation of Results of the International Society of Radiology
JJC	– Japanese Joint Committee

Im Hinblick auf statistische Vergleichsmöglichkeiten ist ohne Zweifel ein einheitlicher Ausgangspunkt notwendig. Die UICC schreibt deshalb verbindlich vor, die TNM-Kategorien erstmals vor Beginn jeglicher Therapiemaßnahmen (also prätherapeutisch) festzulegen, gleichgültig, ob chirurgisch, strahlentherapeutisch, chemotherapeutisch kombiniert oder getrennt vorgegangen wird. Nur eine einheitliche Ausgangsbasis kann als Grundlage dienen für eine spätere Vergleichbarkeit der Ergebnisse.

Die prätherapeutische TNM-Klassifikation basiert auf dem Befund, der bei Tumoren, die von der Körperoberfläche her beurteilbar sind, vor dem Eingriff, bei Tumoren im Körperinneren nach der explorativen Eröffnung der Körperhöhle jedoch vor Beginn des operativen Eingriffs erhoben wurde. Im Gegensatz dazu beinhaltet die postoperative pTNM-Klassifikation zusätzliche Erkenntnisse, die beim definitiven chirurgischen Eingriff und durch die histopathologische Untersuchung des therapeutisch entfernten Resektionspräparates gewonnen wurden. Auch im Falle der chirurgischen Entfernung des Tumors ist der Chirurg gehalten, den prätherapeutischen Befund festzulegen, da nur dieser einen Vergleich zwischen operierten und nichtoperierten Fällen ermöglicht.

Dokumentation

Eng verknüpft mit der Klassifizierung ist die Dokumentation. Die bisher verwendete Basisdokumentation für Tumorkranke als obligatorisches Minimalprogramm entspricht dem Vorgehen der Arbeitsgemeinschaft Deutscher Tumorzentren (ADT). Von der AO/HNO werden – wiederum in Übereinstimmung mit der ADT – seit zwei Jahren organspezifische Erhebungsbögen (siehe Anhang) verwendet. Diese organspezifischen Erhebungen stellen eine Erweiterung und Vertiefung der Basisdokumentation dar. Kernstücke sind die TNM- und pTNM-Klassifizierung. Zusätzlich finden Organlokalisation (in Anlehnung an den ICD-O-Schlüssel – international coding of diseases for oncology) sowie Morphologie und Dignität (in Anlehnung an die von der WHO in Form eines Schlüssels herausgegebene Standardisierung) Beachtung [4].

Das TNM-System in der vorgeschlagenen Praktizierung erlaubt, den Verlauf einer Tumorerkrankung lückenlos darzustellen, Rezidive zu berücksichtigen und Überlebenszeiträume zu errechnen. Die Normen einer EDV-gestützten Dokumentation sind erfüllt. Damit sind die Voraussetzungen für klinische Studien geschaffen, der richtigen Anwendung des TNM-Systems und der lückenlosen Dokumentation kommt entscheidende Bedeutung zu.

TNM-Klassifikation maligner Tumoren der Kopfspeicheldrüsen

Ersterhebung Speicheldrüsen AO/HNO

Name: _____ **Geburtsname:** _____ **Namen-Schl.** ☐☐☐ **Klinik** ☐☐☐

Geburts-Datum ☐☐ ☐☐ ☐☐ (Tag Monat Jahr)   **PLZ/Wohnort:** ☐☐☐☐ _____
1☐ männlich 2☐ weiblich   **Klinikspezifisches Feld** ☐☐

EINWEISUNG
- 0☐ zur Primärtherapie oder Diagnose im Hause gestellt
- 1☐ zur Zusatzbehandlung, auswärts anbehandelt (Daten der Ersterhebung retrospektiv erhoben)
- 2☐ wegen Rezidiv, Primärtherapie auswärts (Daten über Ersterhebung und Therapie retrospektiv erhoben)

ZEITANGABEN
- Wann wurde erstmals die Diagnose gestellt   ☐☐ ☐☐ ☐☐ (Tag Monat Jahr)
- Wann trat Erstsymptomatik auf   ☐☐ ☐☐ ☐☐ (Tag Monat Jahr)

ERSTSYMPTOMATIK 100☐ Schmerzen 201☐ Schwellung 304☐ blut. Stelle 305☐ Ulcus/Schorf 845☐ Induration 421☐ Kieferklemme 434☐ Ohrsekretion 840☐ Facialisparese 835☐ LK-Metastasen 851☐ Allg. Symptome 202☐ Zufallsbefund 998☐ Sonst.: _____

Mögl. Ätiologie 321☐ Raucher jetzt 322☐ Raucher früher 301☐ Alkoholabusus 207☐ Bestrahlung **Präkanzerose:**
Am längsten ausg. Tätigkeit: _____ ☐ Sonst. Expos.: _____ 02☐ Leukoplakie

Tumor 0☐ Ersttumor 1☐ Zweitmalignom 4☐ fraglich, ob Primärtumor

LOK. PRIMÄRTUMOR 1420☐ Parotis 1421☐ Gl. submandibularis 1422☐ Gl. sublingualis

Seite 1☐ rechts 2☐ links 4☐ Mitte 3☐ beidseitig

TUMORSPEZIFISCHE DIAGNOSTIK (pathologisch / normal / logisch 1 2 4)
- 128 ☐☐☐ Tumorbiopsie   039 ☐☐☐ Sialographie   61 ☐☐☐ Schädeltomogramm
- 133 ☐☐☐ LK-Biopsie   083 ☐☐☐ Speicheldrüsenszinti.   77 ☐☐☐ Knochenszinti.
- 60 ☐☐☐ CT   56 ☐☐☐ Rö.-Unter- o. Oberkiefer   79 ☐☐☐ Ganzkörperszinti.
- 32 ☐☐☐ Rö. Thorax   138 ☐☐☐ NMR   ☐☐☐ _____

TNM prätherapeutisch T ☐☐ C☐ N ☐☐ C☐ M ☐ C☐ **STADIUM** ☐ ☐ ☐ ☐ ☐ (0 I II III IV)
Fernmetastasen in 1☐ PUL 2☐ OSS 3☐ HEP 4☐ BRA 5☐ LYM 6☐ MAR 7☐ PLE 8☐ SKI 9☐ EYE 0☐ OTH

HISTOLOGIE Histolog. Befund-Nr. _____
- 80703☐ Plattenepithelca 81403☐ Adenoca 82003☐ Adenoid-cyst. Ca
- 84303☐ Mucoepidermoid-Karzinom 85503☐ Azinuszell-Karzinom 89403☐ Adenoca in pleomorphem Adenom
- 80203☐ Undiff. Ca 95903☐ Mal. Lymphom 88003☐ Sarkom 80003☐ Unklassif. mal. Tu. ☐ Sonst.: _____

Differenzierungsgrad 0☐ nicht bestimmbar (GX) 1☐ hoch (G1) 2☐ mittel (G2) 3☐ gering 4☐ undifferenziert (G4)

PRIMÄRE THERAPIE 1☐ Operation 1☐ Bestrahlung 1☐ Chemotherapie 1☐ Immuntherapie 1☐ keine Therapie ☐ Sonst.: _____
Bemerkungen _____ (z. B. Pat. verweigert, Kontraindik., etc.)

OPERATION **Datum:** ☐☐ ☐☐ ☐☐ (Tag Monat Jahr) 1☐ im Hause 2☐ auswärts, Daten werden retrospektiv erhoben
Tumor
- 10408☐ totale Parotidektomie 10401☐ partielle Parotidektomie 12005☐ mit Facialisresektion
- 10402☐ Submandibularis Exstirpation 12014☐ palliative Tumorentfernung 10099☐ Sonst. Op.: _____

radikale neck diss. 10011☐ bilateral 10010☐ homolateral 10009☐ kontralateral
funktionelle neck diss. 10014☐ bilateral 10012☐ homolateral 10013☐ kontralateral
Komplikationen 1☐ intraoperativ ☐ postoperativ: _____

TNM postoperativ (pTNM) pT ☐☐ pN ☐☐ **Residualtumor** R ☐

BESTRAHLUNG Beginn am ☐☐ ☐☐ ☐☐ (Tag Monat Jahr) Ende am ☐☐ ☐☐ ☐☐ (Tag Monat Jahr)
- 0☐ präoperativ 1☐ postoperativ 0☐ palliativ 1☐ curativ
- 0☐ percutan 1☐ Brachycurietherapie 2☐ sonstige: _____

Bestrahlung auswärts Zur Bestrahlung überwiesen nach: _____

CHEMOTHERAPIE Chemotherapie eingeleitet am ☐☐ ☐☐ ☐☐ (Tag Monat Jahr)
Chemotherapie i. Hause 0☐ adjuvant 1☐ palliativ
Chemotherapie auswärts Zur Chemotherapie verlegt/überwiesen nach: _____

Nächster Kontrolltermin im Hause _____ **Weiterbehandlung durch:** _____

Todesdatum ☐☐ ☐☐ ☐☐ (Tag Monat Jahr) **Todesursache:** ☐ tumorabh. ☐ tumorunabh. ☐ nicht beurteilbar
☐ Todesursache nicht zu ermitteln **Obduktion:** ☐ ja ☐ nein

Station: _____ **Datum** _____ **Unterschrift des Arztes** _____

Folgeerhebung AO/HNO

Name: _____ Geburtsname: _____	Namen-Schl. ☐☐☐ Klinik ☐☐☐
Geburts-Datum ☐☐ ☐☐ ☐☐ (Tag Monat Jahr) ☐ männlich ☐ weiblich	Klinikspezifisches Feld ☐☐

Befundbericht über
- ☐ unauffällige Kontrolluntersuchung
- ☐ Veränderung der Tumorerkrankung
- ☐ Durch Tumortherapie bedingte Folgeerkrankungen (nicht bedingt durch Rezidiv oder Tumorprogression) bzw. therapiebedingte Langzeiteffekte
- ☐ Zweitmalignom
- ☐ Tod des Patienten

Tumordiagnose _____

Untersuchungsdatum Wann wurde dieser Folgebefund erhoben ☐☐ ☐☐ ☐☐ (Tag Monat Jahr)

Zwischenanamnese (für Register nicht lesbar) _____

Erfolg der TU-Therapie
- ☐ tumorfrei (Vollremission)
- ☐ Tumorrückbildung (Teilremission)
- ☐ keine Änderung (no change)
- ☐ Progression

Rezidiv
- ☐ lokal
- ☐ regional (LK-Rezidiv)
- ☐ Neumanifestation i. d. reg. LK

Fernmetastasen
- ☐ Lunge ☐ Pleura ☐ Skelett ☐ Haut ☐ LK außerh. d. Region
- ☐ Leber ☐ ZNS ☐ Sonstige: _____

Befund gesichert durch
- ☐ Klinik ☐ Labor ☐ Zytologie ☐ Histologie ☐ Röntgen ☐ CT
- ☐ Szintigrafie ☐ Sonografie ☐ Endoskopie ☐ Lymphografie ☐ Tu-Marker ☐ Sonstiges

Bemerkungen (f. Register nicht lesb.) _____

Folgeerkrankungen Therapiebedingte Folgeerkrankungen bzw. schwerwiegende therapiebedingte Langzeiteffekte
- ☐ Skelett ☐ Leber ☐ Knochenmark ☐ Herz ☐ Lunge ☐ Harnwege
- ☐ Darm ☐ Haut ☐ Nervensystem
- ☐ Lymphödem ☐ Fertilitätseinschränkung ☐ Fistel: _____
- ☐ Sonstiges: _____

Feld: keine Therapie ☐ operativ ☐ medikamentös

Allgemeinzustand ☐ (siehe Rückseite)

Zweitmalignom _____ Histologie _____
Lokalisation _____ ☐ rechts ☐ links ☐ beidseits

Weitere Tumortherapie ☐ Operation ☐ Bestrahlung ☐ Zytostatika ☐ Hormone ☐ Immuntherapie ☐ Sonstiges
☐ keine Therapie

Bemerkungen f. Register _____ (z. B. Kontraindik., Pat. verweigert, etc.)

Für Register nicht lesbar:
_____
_____
_____
_____
_____
_____
_____
_____
_____
_____

Nächster Kontrolltermin im Hause _____ Weiterbehandlung durch: _____

Todesdatum _____ Todesursache: ☐ tumorabh. ☐ tumorunabh. ☐ nicht beurteilbar
☐ Todesursache nicht zu ermitteln Obduktion: ☐ ja ☐ nein

Station/Ambulanz: _____ Datum _____ Unterschrift des Arztes _____

Literatur

1. Chilla R, Casjens R, Eysholdt U, Droese M (1983) Maligne Speicheldrüsentumoren. Früherkennung, Nachsorge und Therapie. Arch Otolaryngol 237: 227–241
2. Hermanek P, Sobin LH (1987) TNM Classification of malignant tumors. Fourth edition 1987. Springer, Berlin Heidelberg New York Tokyo
3. Levitt SH, McHugh RB, Gomez-Marin O, Hyames VJ, Soule EH, Strong EW, Sellers AH, Woods JE, Guillamondegui OM (1981) Clinical staging system for cancer of the salivary gland: A retrospective study. Cancer 47: 2712
4. Schwab W, Clasen B, Steinhoff H-J (1987) Neue und geänderte Richtlinien zum TNM-System im Kopf-Hals-Bereich. HNO 35: 112–118
5. Seifert G, Miehlke A, Haubrich J, Chilla R (1984) Speicheldrüsenkrankheiten. Thieme, Stuttgart New York
6. Spiro RH, Huvos AG, Strong EW (1975) Cancer of the parotid gland. A clinicopathologic study of 288 primary cases. Amer J Surg 130: 452

Inzidenz maligner Lymphome bei der myoepithelialen Sialadenitis

J. WUSTROW[1], A. C. FELLER[2], U. SCHMIDT[3] und K. LENNERT[2]

Zahlreiche Autoren haben seit 1964 beschrieben, daß es bei Patienten mit Sjögren-Syndrom ein erhöhtes Risiko bei der Entwicklung von malignen Lymphomen gibt [1, 4, 5, 10]. Seifert und Geiler [8] fanden beim Sjögren-Syndrom eine typisch histomorphologische Trias (Abb. 1):

1. Eine Atrophie des Drüsenparenchyms
2. Eine interstitielle herdförmige lymphozytäre Infiltration und
3. myoepitheliale Proliferate.

Dieses histologische Bild wurde als „*myoepitheliale Sialadenitis*" (MESA) bezeichnet. Im amerikanischen Sprachraum wurde diese Erkrankung nach Goodwin (1952) [3] mit dem Namen „benigne lymphoepitheliale Läsion" versehen.

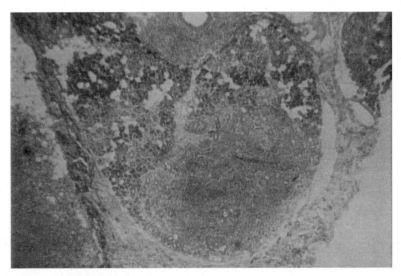

Abb. 1. Histologische Übersicht bei der MESA, HE-Färbung

---

[1] Klinikum der Universität, Klinik und Poliklinik für HNO-Krankheiten, Arnold-Heller-Str. 14, D-2300 Kiel 1
[2] Klinikum der Universität, Institut für Pathologie, Michaelisstr. 11, D-2300 Kiel
[3] Institut für Pathologie, Kantonsspital, CH-9000 St. Gallen

Das Ziel unserer Arbeit ist es, durch immunhistochemische Analysen der lymphozytären Komponente bei der myoepithelialen Sialadenitis (MESA) Kriterien zu entwickeln, die ein frühzeitiges Erkennen von malignen Lymphomen ermöglicht.

Material und Methode

In den Jahren 1979 bis 1986 wurden insgesamt 56 Fälle mit MESA aus dem Lymphknotenregister des Pathologischen Instituts Kiel und der HNO-Universitätsklinik Kiel untersucht. In allen Fällen wurde neben einer konventionellen histologischen Untersuchung am Formalin-fixierten Gewebe (Hämatoxylin, Eosin-, Giemsa-, PAS-Färbung) eine immunhistologische Analyse mit Hilfe der PAP-Methode durchgeführt. Zusätzlich wurde bei 22 Fällen Frischgewebe untersucht. Als Antiseren wurden verwendet: Kaninchen-antihuman IgA, IgM, IgG, Kappa und Lambda. Eine genaue Beschreibung dieses Versuchsansatzes siehe Schmid et al. 1982 [7].

Ergebnis

Bei der histologischen Untersuchung von 56 Fällen mit MESA fiel zunächst eine unterschiedlich starke Ausprägung der lymphozytären Infiltrate auf. So waren alle Formen von kleinen, solitären, lmyphozytären Nestern bis hin zu ausgedehnten lymphatischen Proliferationsherden innerhalb der dichten Rundzellinfiltrate erkennbar. Entsprechend der Ausbildung derartiger Proliferationsherde haben wir 3 Typen der MESA unterschieden und die Immunglobulinverteilung in den B-Zellen mit Hilfe der Immunperoxidasetechnik untersucht (Tabelle 1).

Tabelle 1. Immunhistologische Untersuchung bei der myoepithelialen Sialadenitis (MESA)

	n	Ig-Verteilung	n	%	Histologie
MESA ohne PH (Typ I)	20	polyclonal monoclonal	20 –	100 –	MESA –
MESA mit kleinen PH (Typ II)	15	polyclonal monoclonal	5 10	33,3 66,6	MESA LP-Immunocytom
MESA mit großem PH (Typ III)	21	polyclonal monoclonal	– 21	– 100	– LP-Immunocytom B-Immunoblast. Lymphom
total	56				

PH = lymphat. Proliferationsherde

Typ 1: MESA ohne Proliferationsherde (Abb. 2)

Bei diesem ersten Typ gibt es um die myoepithelialen Nester eine homogene, dichte Infiltration von kleinen, in der Giemsafärbung dunkel gefärbten Lymphozyten. Es finden sich nur sehr selten Immunoblasten und plasmazytoide Zellen. Es handelt sich hierbei um das klassische histologische Bild einer myoepithelialen Sialadenitis. 35,7% (20 Fälle) gehörten diesem Typ an.

Bei der intrazytoplasmatischen Immunglobulinanalyse unter Verwendung der Immunperoxydasetechnik zeigt sich bei diesem Typ ein polyklonales B-Zellverteilungsmuster, also ein als reaktiv zu interpretierendes lymphatisches Gewebe.

Typ 2: MESA mit kleinen Proliferationsherden

Bei diesem 2. Typ erkennt man in Abbildung 3 umschriebene, helle Areale innerhalb der dunkel gefärbten Lymphozyteninfiltrate. Diese hellen Areale enthalten Zellen mit polymorphen Zellkernen, prominenten Nucleoli und hellem Zytoplasma. Zusätzlich finden sich Immunoblasten und lymphoplasmazytoide Zellen. In unserem Kollektiv zeigten 26,3% (15 Fälle) dieses histologische Bild.

Bei der Auswertung der immunhistologischen Untersuchung zeigen sich in diesen Fällen sowohl Gewebsproben mit einer polyklonalen als auch andere mit einer monoklonalen Immunglobulinverteilung, wobei es sich hierbei überwiegend um den Typ IgM/K handelt. Dabei muß bei einer polyklonalen Verteilung noch von einer myoepithelialen Sialadenitis gesprochen werden. Im zweiten Fall, der monoklonalen Immunglobulinverteilung besteht aber bereits ein lymphoplasmazytoides Immunozytom, also ein niedrig malignes Lymphom im Sinne eines early lymphoma.

Typ 3: MESA mit konfluierenden Proliferationsherden (Abb. 4)

Bei diesem Typ erscheinen die dichten, dunkel gefärbten, kleinen Lymphozyten nur als kleine Inseln in einer großen Ansammlung von hellen Immunoblasten und lymphoplasmazytoide Zellen. Diese letzte Gruppe macht 37,5% (21 Fälle) aller untersuchten MESA-Fälle aus. Sie enthalten zahlreiche Mitosen.

Bei den großen konfluierenden Proliferationsherden zeigt sich bei der immunhistologischen Auswertung eine monoklonale B-Zellen-Verteilung von IgM/Kappa-Typ (Abb. 5). Diese Analyse der Immunglobulinverteilungsmuster macht damit den Übergang von der MESA in ein manifestes malignes B-Zell-Lymphom deutlich. Es handelt sich um ein niedrig malignes lymphoplasmazytoides Immunozytom. In 4 Fällen konnten wir auch den Übergang in ein hochmalignes Lymphom speziell in ein B-immunoblastisches Lymphom nachweisen (4/56 Fälle, d.h. in 7% der Fälle). Bei der immunologischen Analyse der T-Zell-Population im Parotisgewebe der myoepithelialen Sialadenitis erkennt man eine vermehrte T-Zellansammlung im Bereich der myoepithelialen Komplexe. Die B-Zellen sind beim Subtyp 1 in den Herden zunächst in der Unterzahl. Die Subklassifikation der T-Zellen zeigt eine Vermehrung der T 4-Zellen, also der T-Helferzellen im Ver-

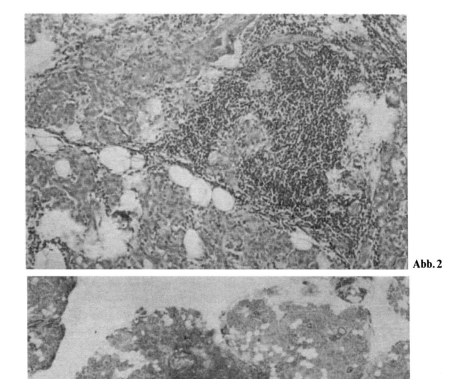

Abb. 2. MESA ohne Proliferationsherde, HE-Färbung

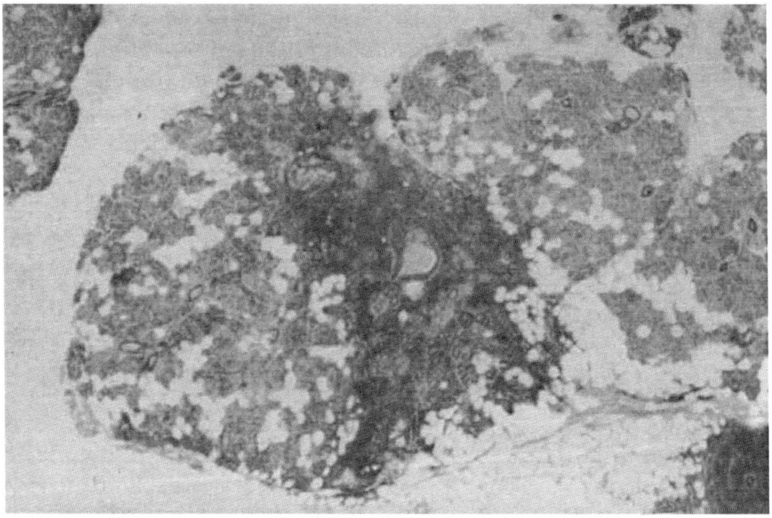

Abb. 3. MESA mit kleinen Proliferationsherden, Giemsa-Färbung

gleich zu den T 8-positiven T-Suppressor- oder zytotoxischen Zellen. Mit zunehmender Entwicklung von Proliferationsherden kommt es zum Überwiegen der B-Zellen, die schließlich ein monoklonales Immunglobulinmuster, wie schon gezeigt, aufweisen.

Die große Anzahl von insgesamt 36 Lymphomen in unserem untersuchten Kollektiv (56 Fälle), erklärt sich durch einen selektiven Eingang des Pathologischen Institutes in Kiel bedingt durch das Lymphknotenregister (34 Fälle). Aus diesem Grunde haben wir bei der Beurteilung der Inzidenz von malignen Lymphomen auf dem Boden einer myoepithelialen Sialadenitis auf das Krankengut

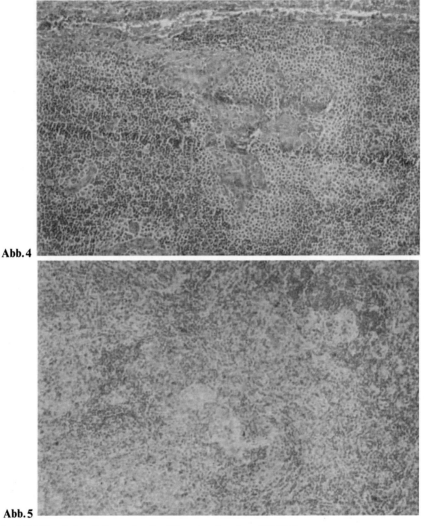

Abb. 4. MESA mit konfluierenden Proliferationsherden, HE-Färbung

Abb. 5. Monoklonale B-Zell-Verteilung vom IgM/Kappa-Typ bei der MESA, Immunperoxydasedarstellung

der HNO-Universitätsklinik Kiel zurückgegriffen. Seit 1979 wurde wegen Parotisschwellung und den klinischen Symptomen eines Sjögren-Syndrom bioptisch in 22 Fälle (Tabelle 2) eine MESA nachgewiesen. Hierbei zeigte sich in 17 Fällen, entsprechend 77,3%, das histologische Bild einer reinen myoepithelialen Sialadenitis ohne das Vorliegen eines Lymphoms. In 5 Fällen, also in 22,7%, konnte ein malignes Lymphom in der MESA immunhistochemisch nachgewiesen werden. Somit konnten wir in rund ¼ der biopsierten Fälle den Übergang in ein malignes Lymphom beobachten.

Tabelle 2. Incidenz von Lymphomen bei der Myoepithelialen Sialadenitis (MESA). HNO-Universitätsklinik Kiel

	n	%
MESA ohne Lymphom	17	77,3
MESA mit Lymphom	5	22,7
total	22	100

Diskussion

Entsprechend der Beobachtung zahlreicher Autoren haben wir bei Langzeituntersuchungen unserer Sjögren-Patienten in einzelnen Fällen den Übergang von einer myoepithelialen Sialadenitis (MESA) in ein malignes Lymphom verfolgen können. Nach Kassan et al. (1978) [5] ist das Risiko der Lymphomentstehung bei Sjögren-Patienten um 43,8 mal höher als bei einem Normalkollektiv. Bei der Histologie haben wir bei der myoepithelialen Sialadenitis 3 Formen entsprechend des Ausmaßes der Proliferationsherde innerhalb der lymphatischen Komponente unterschieden. Immunhistologisch lassen sich in diesen Herden unreife B-Zellformen (Immunoblasten und lmyphoplasmazytoide Zellen) nachweisen. Mit Zunahme dieser Proliferationsherde kommt es zur Ausbildung eines manifesten, niedrig malignen Lymphoms. Somit ist bei der histologischen Untersuchung von entscheidender Bedeutung, daß die Ausdehnung der Proliferationsherde innerhalb der interstitiellen lymphatischen Infiltration analysiert wird: Bestehen kleine Proliferationsherde, so muß bei einer polyklonalen Immunglobulinverteilung in den B-Zellen von einem Prälymphom gesprochen werden. Das early lymphoma wäre dann am besten mit einem Carcinoma in situ bei einem epithelialen Tumor zu vergleichen.

Zeigen diese kleinen Proliferationsherde ein monoklonales Immunglobulinverteilungsmuster, so handelt es sich um eine frühe Manifestation eines malignen Lymphoms, welches bei einer weiteren Ausdehnung dieser monoklonalen Areale zu einem manifesten Lymphom werden kann. Es handelt sich hierbei um ein niedrig malignes Lymphom, speziell das lymphoplasazytoide Immunozytom, das seinerseits sozusagen als Endprodukt einer histogenetischen Entwicklungsreihe in die hochmaligne Variante, in ein B-immunoblastisches Lymphom übergehen kann (s. Tabelle 3 nach Lennert et al. [6]). Die relative Vermehrung der T-4-Zellen im Bereich der myoepithelialen Inseln könnte darauf hindeuten, daß die T-Helferzellen eine monoklonale B-Zellproliferation induzieren.

Zur Interpretation dieser Ergebnisse und der allgemeinen Pathogenese des Sjögren-Syndrom möchten wir tierexperimentelle Untersuchungen im Vergleich anführen: MESA-ähnliche Veränderungen finden sich spontan bei NZB-Mäusen [11/12] oder auf dem Boden einer chronischen graft-versus-host Reaktion bei Mäusen oder auch beim Menschen [2, 9, 12]. Gleichzeitig entwickeln NZB-Mäuse

Tabelle 3. Schematische Darstellung der Entwicklung eines malignen Lymphoms bei der MESA (nach Lennert)

lymphat. Proliferationsherde PH	MESA ohne PH	MESA mit kleinen PH	MESA mit kleinen PH	MESA mit großen PH	
Immunglobulin-Verteilung der PH		polyclonal	polyclonal	monoclonal	monoclonal
Diagnose	MESA	MESA Prä-lymphom	frühes Lymphom	manifestes Lymphom	
			low-grade ML	high-grade ML	high-grade ML
			LP Immuno-cytom	LP Immuno-cytom	B-Immuno-blast. Lymphom

oder Mäuse bzw. Patienten mit chronischer graft-versus-host-reaction lymphoplasmozytoide Lymphome oder B immunoblastische Lymphome.

Nach Gleichmann [2] kommt es zur Lymphomentstehung durch eine Histoinkompatibilität zwischen B-Zellen und T-Zellen, die eine B-Zell-Stimulation auslösen. Bisher ist nicht geklärt, ob diese T-Zell-Stimulation bei der Lymphomentstehung der einzige ursächliche Faktor ist, oder ob weitere Faktoren hierbei noch mitwirken.

Seit 1979 wurden insgesamt 22 Patienten mit dem Verdacht eines Sjögren-Syndroms wegen einer Parotisschwellung bioptisch untersucht. Hierbei zeigte sich in rund 20% der Fälle ein Übergang in ein malignes Lymphom. Aufgrund dieser Erkenntnisse werden an der Kieler Hals-Nasen-Ohrenklinik die Sjögren-Patienten regelmäßig in der Kontrollsprechstunde nachuntersucht. Eine immunhistologische Analyse des Speicheldrüsengewebes ist unbedingt erforderlich. Rebiopsien dienen bei rezidivierenden Parotisschwellungen dem frühzeitigen Nachweis eines Fortschreitens der Erkrankung zu einem manifesten malignen Lymphom.

Zusammenfassung

Bei der histologischen Untersuchung von 56 Fällen mit einer myoepithelialen Sialadenitis (MESA) wurde aufgrund einer unterschiedlich starken Ausprägung der lymphozytären Infiltrate drei Formen unterschieden.

1. MESA ohne Proliferationsherd
2. Die MESA mit kleinen Proliferationsherden
3. Die MESA mit konfuierenden Proliferationsherden.

Bei einer immunologischen Analyse dieser Rundzellinfiltrate zeigt sich eine zunehmende Ausbildung zunächst einer polyklonalen, dann aber auch einer monoklonalen zytoplasmatischen Immunglobulinverteilung überwiegend vom Typ IgM/Kappa. Diese Analyse der Immunglobulinverteilungsmuster macht damit den Übergang von der myoepithelialen Sialadenitis in ein manifestes malignes B-Zell-Lmyphom deutlich. Es handelt sich hierbei um ein niedrig malignes lymphoplasmazytoides Immunozytom. In 4 Fällen konnte auch der Übergang in ein hochmalignes Lymphom speziell in ein B-immunoblastisches Lymphom nachgewiesen werden.

Seit 1979 wurde bioptisch in 22 Fällen an der HNO-Universitätsklinik in Kiel eine myoepitheliale Sialadenitis nachgewiesen. Hierbei zeigte sich in 17 Fällen (77,3%) kein Lymphom auf dem Boden einer myoepithelialen Sialadenitis. In 5 Fällen (22,7%) konnte ein Lymphom in der MESA immunhistochemisch nachgewiesen werden.

Literatur

1. Anderson LG, Talal N (1971) The spectrum of benign to malignant lymphoproliferation in Sjögren's syndrome. Clin Exp Immunol 9: 199-221
2. Gleichmann E, Melief CIM, Gleichmann H (1978) Lymphomagenesis and autoimmunization caused by reactions of T-lymphocytes to incompatible structures of the major histocompatibility complex: A concept of pathogenesis. Cancer Res 64: 292-315
3. Godwin JT (1952) Benign lymphoepithelial lesion of the parotid gland. Cancer 5: 1089-1103
4. Heckmayr M, Seifert G, Donath K (1976) Malignant lymphomas and immunsosialadenitis. Laryngol Rhinol Otol 55: 593-607
5. Kassan SS, Thomas TL, Moutsopoulos HM, Hoover R, Kimberly RP, Budman DR, Costa J, Decker IG, Chused TM (1978) Increased risk of lymphoma in Sicca syndrome. Ann Intern Med 89: 888-892
6. Lennert K, Schmid U (1983) Prelymphoma, early lymphoma, and manifest lymphoma in immunosialadenitis (Sjögren's Syndrome) - a model of lymphomagenesis. Haemat Blood Trans 28: 418-421
7. Schmid U, Helbron D, Lennert K (1982) Development of malignant lymphoma in myoepithelial sialadenitis (Sjögren's Syndrome). Virchows Arch (Pathol Anat) 395: 11-43
8. Seifert G, Geiler G (1957) Vergleichende Untersuchungen der Kopfspeichel- und Tränendrüsen zur Pathogenese des Sjögren-Syndroms und der Muhulicz-Krankheit. Virchows Arch (Pathol Anat) 330: 402-424
9. Shulman HM, Sullivan KM, Weiden PL, McDonald GB, Striker GE, Sale GE, Hackman R, Tsoi M-S, Storb R, Thomas ED (1980) Chronic graft-versus-host syndrome in man. A long-term clinicopathologic study of 20 Seattle patients. Am J Med 69: 204-217
10. Talal N, Bunim II (1964) The development of malignant lymphoma in the course of Sjögren's syndrome. Am J Med 36: 529-540
11. Talal N (1974) Autoimmunity and lymphoid malignancy in New Zealand black mice. Prog Clin Immunol 2: 101-120
12. Taylor CR (1976) Immunohistological observations upon the development of reticulum cell sarcoma in the mouse. J Pathol 118: 201-219

Diskussionsbemerkungen

Seifert (Hamburg): Wir haben beobachtet, daß eine plötzliche Größenzunahme der Drüse nach längerem Verlauf der Erkrankung das erste klinische Symptom für die Entwicklung eines Lymphoms darstellte. Können Sie diese Beobachtungen bestätigen?

Wustrow (Kiel): Ich kann das nur bestätigen: Ein plötzliches Anschwellen der Ohrspeicheldrüsen nach längerem Verlauf eines Sjögren-Syndroms ist meist das erste klinische Zeichen für das Auftreten eines malignen Lymphoms. Meist kommen die Patienten wegen dieser Schwellung in unsere Behandlung. Dann muß man eine PE und eine immunhistologische Untersuchung durchführen, um die Entwicklung eines malignen Lymphomes frühzeitig zu erkennen.

Altmannsberger (Gießen): Sie sagten, daß Sie als monoklonales Muster meistens IgM/Kappa finden. Welche Muster konnten Sie noch nachweisen? Weiterhin haben Sie mitgeteilt, daß Sie als Non-Hodgkin Lymphome Immunozytome bzw. das immunoblastische Lymphom beobachteten. Finden Sie bisweilen auch andere Lymphome, wie z. B. Keimzentrumstumoren?

Wustrow (Kiel): Wir haben in unserem Kollektiv fast ausschließlich IgM/Kappa gefunden. Zum zweiten fanden wir auf dem Boden eines Sjögren-Syndroms ausschließlich die niedrig maligne Form des lymphoplasmazytoiden Immunozytoms. Wenn man die Parotislymphome mit einbezieht, die nicht auf dem Boden einer myoepithelialen Sialadenitis entstanden sind, so findet man natürlich alle Typen des malignen Lymphoms.

Ganzer (Mannheim): Halten Sie die vielerorts empfohlene Punktionszytologie oder die Lippenbiopsie mit der man ja auch einen M. Sjögren nachweisen kann für ausreichend, um einen Prälymphomzustand zu diagnostizieren?

Wustrow (Kiel): Um eine derartige Analyse durchführen zu können, brauchen Sie größere Gewebestücke. Die Feinnadelbiopsie ist zur Beurteilung der lymphatischen Komponente nicht geeignet. Was die Lippenbiopsie anbetrifft, so möchte ich darauf hinweisen, daß wir bislang lediglich im Bereich der Gl. parotis eine Prälymphombildung nachweisen konnten. Ich halte daher zur Klärung dieser Frage nur eine PE aus der Ohrspeicheldrüse für sinnvoll.

Ristow (Frankfurt): Würden Sie es für sinnvoll erachten möglichst bald nach der Diagnose eines Sjögren-Syndroms eine Parotidektomie durchzuführen, um der Entwicklung eines malignen Lymphoms zuvorzukommen? Wie ist denn die Prognose bei bereits manifestem Lymphom, wenn man den Tumor mit der Drüse entfernt?

Wustrow (Kiel): Eine prophylaktische Parotidektomie halte ich nicht für erforderlich. Die Entfernung der Ohrspeicheldrüse sollte dann erfolgen, wenn in der Biopsie ein Prälymphom oder ein Lymphom nachgewiesen wird. In allen Fällen muß dann ein Staging erfolgen, um abzuklären, ob sich weitere Manifestationen des Lymphomes finden. Ist dies nicht der Fall und liegen in der Drüse lediglich kleinere Proliferationsherde vor, dann kann man es bei der Operation belassen. Liegen hingegen größere Proliferationsherde vor, dann sollte eine postoperative Bestrahlung erfolgen.

Boenninghaus (Heidelberg): Die Frage von Herrn Ganzer war nicht ideal beantwortet. Wenn wir einen M. Sjögren vermuten, dann genügt natürlich zunächst eine Feinnadelbiopsie oder eine Lippenbiopsie, um die Diagnose zu sichern. Kommt es im Rahmen eines bekannten Sjögren-Syndroms zu einer Parotisschwellung, dann ist eine PE aus der geschwollenen Drüse erforderlich, um ein Lymphom auszuschließen.

Wustrow (Kiel): So wollte ich das auch verstanden wissen. Einschränkend möchte ich allerdings feststellen, daß die Diagnose des Sjögren-Syndroms mittels der Feinnadelbiopsie nach unserem Dafürhalten im klassischen Sinn kaum möglich ist. Hierzu sollte eine Probeexzision erfolgen.

Besonderheiten der chirurgischen Therapie von Parotistumoren

E. STENNERT

In einer kürzlich erschienenen Monographie über die „Pathologie, Klinik und Therapie der Speicheldrüsenkrankheiten" [2], wird auf eine klinisch bewährte Gliederung der Tumoren in 4 Gruppen verwiesen, die sich aus ihrem unterschiedlichen Malignitätsgrad ergeben (Tabelle 1). Aus dieser Einteilung wird deutlich, daß die in Gruppe 4 zusammengefaßten Tumoren – also das adenoid-zystische Karzinom, der Mukoepidermoid-Tumor vom „high grade type" im fortgeschrittenen Stadium, das Plattenepithel-Karzinom, das infiltrierend wachsende Adenokarzinom, das Karzinom im pleomorphen Adenom und das undifferenzierte Karzinom – sich von allen anderen Parotistumoren in therapeutischer Hinsicht vor allem dadurch unterscheiden, daß für ihre Elimination die definitive Opferung des Nervus facialis zu fordern ist.

Zu Recht machen die Autoren jedoch die Einschränkung, daß aufgrund der klinischen Erfahrungen der Vergangenheit an diesem Konzept einige Korrekturen vorzunehmen sind:

1. Zum einen hat sich gezeigt, daß sich die Langzeitprognose für das adenoid-zystische Karzinom trotz aller operativen Radikalität offensichtlich nicht verbessern läßt, so daß „ein solches radikales Vorgehen z.B. mit Opferung eines noch voll funktionsfähigen Nervus facialis nicht immer zu verantworten ist" ([2], S. 294).
2. Zum anderen habe die „Bereitschaft zu rekonstruktiven Maßnahmen am N. facialis mit der Weiterentwicklung entsprechender Techniken bei den höher malignen Tumoren zugenommen", weil „dadurch trotz einer allgemein schlechten Langzeitprognose die Lebensqualität der Patienten in den ihnen verbleibenden Jahren ... erhöht werden kann, ganz abgesehen davon, daß im Einzelfall die Prognose oft nur schwer abzuschätzen ist" ([2], S. 294).

Daraus geht hervor, daß der N. facialis das eigentliche Problem bei der chirurgischen Therapie von Parotistumoren darstellt. In der Tat bedeutet Parotischirurgie notgedrungen immer auch zugleich Fazialischirurgie. Darüber hinaus vertritt der Autor die Ansicht, daß inzwischen ein operativer Standard erreicht ist, der es zur ärztlichen Pflicht macht, nicht allein sanierend und damit rein destruierend zu operieren, sondern gleichzeitig alle Möglichkeiten der chirurgischen Rehabilitation auszuschöpfen.

Bevor im folgenden auf einige Grundprinzipien der funktionellen und kosmetischen Rehabilitation des Gesichts eingegangen wird, muß noch auf ein operati-

Universitäts-HNO-Klinik, Joseph-Stelzmann-Str. 9, D-5000 Köln 41

Tabelle 1. Chirurgisches Konzept bei Parotistumoren (nach Haubrich J und Miehlke A, 1978 sowie Miehlke A und Mitarb. 1981. Aus: Seifert G, Miehlke A, Haubrich J und Chilla R 1984 [2].

Gruppe 1	Gruppe 2	Gruppe 3	Gruppe 4
Laterale bzw. totale Parotidektomie mit Erhaltung des N. facialis	Laterale bis totale Parotidektomie mit Erhaltung des N. facialis oder teilweiser Resektion mit Wiederaufbau durch direkte oder indirekte Anastomose („big-little"-Operation nach Conley)	Totale Parotidektomie mit Erhaltung des N. facialis oder totale Parotidektomie mit Neck dissection, Resektion und Wiederaufbau des N. facialis durch autogene Nerventransplantation bzw. kombinierte Nerventransplantation	Totale Parotidektomie und Neck dissection sowie ggf. Resektion von Unterkiefer und Mastoid und Opferung des N. facialis ohne Rekonstruktion der Nerven („big-big"-Operation nach Conley)
keine Bestrahlung	keine Bestrahlung	mit Bestrahlung	mit Bestrahlung
monomorphes Adenom (Onkozytom, Basalzelladenom)	Azinuszelltumor („gutartige Form")	Azinuszelltumor (bösartige Form bzw. Tumorrezidiv)	adenoid-zystisches Karzinom (frühere Nomenklatur: Zylindrom)
pleomorphes Adenom	Mukoepidermoidtumor („low-grade-type")	Karzinom im pleomorphen Adenom	Karzinom im pleomorphen Adenom im fortgeschrittenen Stadium
Zystadenolymphom (Warthin-Tumor)		Mukoepidermoidtumor („high-grade-type") im lokal begrenzten Stadium	Mukoepidermoidtumor („high grade type") im fortgeschrittenen Stadium
Lymphangiom			
Neurinom des N. facialis (als Zugangsweg zur Geschwulst; nur in wenigen Fällen gelingt allerdings die Erhaltung der Gesichtsnerven, ggf. Nervenrekonstruktion)		Adenokarzinom (lokal begrenzt)	Plattenepithelkarzinom und undifferenziertes Karzinom
		Speichelgangkarzinom	Adenokarzinom infiltrierend wachsend
			grundsätzlich alle Tumoren, die präoperativ bereits eine Fazialisparese aufweisen und ausgedehnte Rezidivtumoren mit infiltrierendem Wachstum

ves Detail aufmerksam gemacht werden, dem erfahrungsgemäß zu wenig Aufmerksamkeit gewidmet wird: Die Mehrzahl der lokalen Rezidive der Parotis-Malignome entwickelt sich hochsitzend in der Fossa retromandibularis. Auch nach totaler bzw. radikaler Parotidektomie verbleibt in dem engen Winkel zwischen Mastoid, aufsteigendem Unterkieferast und Otobasis ein Fettgewebspfropf, der bis unmittelbar auf den Processus styloideus reicht und der oft ausgeprägt um den aufsteigenden Unterkieferast nach medial zieht, also in eine *„Fossa mediomandibularis"*. Seiner Ausräumung muß größte Aufmerksamkeit gewidmet werden. Das Verbleiben dieses Fettgewebes und insbesondere von restlichem Parotisgewebe in diesem „Wetterwinkel" fördert die Entwicklung von Rezidiven, die häufig erst durch eine zunehmende Kieferklemme oder nach ihrem Durchbruch in den äußeren Gehörgang bemerkt werden. Meistens sind die Rezidive zu diesem Zeitpunkt bereits inoperabel, da sie sich in der Zwischenzeit in den retromaxillären Raum und entlang der Otobasis in die Tiefe entwickelt haben, wo sie die Arteria carotis interna und den Nervus vagus umwachsen und in das Os petrosum eindringen.

Für die Wiederherstellung der mimischen Funktionen nach einer Fazialisresektion sollte nach Möglichkeit eine Sofort-Rehabilitation aus folgenden Gründen angestrebt werden:

1. Da der Malignom-Patient schon aufgrund seiner Grunderkrankung unter einem Leidensdruck steht, muß die Zeitspanne einer zusätzlichen psychischen Belastung durch eine Gesichtsentstellung so kurz wie möglich gehalten werden.
2. Da der Tumorresektion oft noch eine Bestrahlung folgt, ergibt sich bei einer nicht sofort durchgeführten Versorgung eine weitere Prolongierung des Fortbestehens der Fazialisparese.
3. Durch diesen Zeitverlust und bei einer zusätzlichen Bestrahlung entstehen erhebliche Vernarbungen im Operationsgebiet, die spätere nervenplastische Maßnahmen deutlich erschweren.

Für eine Rehabilitation der mimischen Funktionen bieten sich grundsätzlich zwei Möglichkeiten an (Tabelle 2):

Tabelle 2

A. Nervenplastiken
    1. Facialis-Interponat   (Typ I)
    2. Hypoglossus-Facialis-Anastomose   (Typ II)
    3. Kombinierter Wiederaufbau   (Typ IV)

B. Muskel-Zügel-Plastiken
    1. M. Masseter-Transposition
    2. M. Temporalis-Transposition
    3. Fascia lata-Zügelplastik

A: Nervenplastische Maßnahmen

1. Die Rekonstruktion des N. facialis durch Interposition eines freien Nerventransplantats entspricht den traditionellen Bemühungen.
2. Die Hypoglossus-Fazialis-Anastomose hat gegenüber der reinen Fazialisplastik einige entscheidende Vorteile (hierauf wird im folgenden eingegangen).
3. Beide Methoden zusammen angewendet ergeben einen sehr sinnvollen Weg des von uns vorgeschlagenen kombinierten Wiederaufbaus [5]. (Die sog. Cross-Face-Anastomose hat sich – zumindest in Verbindung mit der Tumorchirurgie – nicht bewährt.)

B: Muskel-Zügel-Plastiken

Unter den Muskel- und Zügelplastiken bietet sich im Rahmen der Parotischirurgie vor allem die Masseterplastik an.

Ad A; 1:

Das wesentliche operations-technische Problem bei der extratemporalen Fazialis-Rekonstruktion ergibt sich aufgrund der baumartigen Aufzweigung des Pes anserinus aus der numerischen Diskrepanz zwischen dem *einen* proximalen Nervenstamm und den *vielen* in der Peripherie abgesetzten Nervenästen. Die Gewinnung eines Nerventransplantats, das den Aufteilungsmodus des Pes anserinus befriedigend imitiert und zusätzlich noch der Länge des Defekts entspricht, gehört zu den glücklichen Ausnahmefällen. Man wird deshalb fast immer auf die Verwendung mehrerer Einzelinterponate zurückgreifen müssen.

Mit einem kleinen Trick läßt sich das Handicap der numerischen Diskrepanz zumindest partiell verringern: Besteht die Möglichkeit zur ausreichenden Mobilisation peripherer Nervenäste, so kann man jeweils zwei benachbarte Äste zusammenlagern, an der Kontaktfläche das Epineurium beider Nerven resezieren und anschließend mit Seide 10 × 0 so vernähen, daß daraus nunmehr *ein Nerv* entsteht, dessen *zwei Faszikel* wieder von einem gemeinsamen Epineurium umhüllt sind (Abb. 1). Dadurch läßt sich die Zahl der peripheren Äste auf etwa die Hälfte reduzieren.

Bei entsprechender Situation kann man sich auch dadurch helfen, daß man das Interponat in mehrere Faszikel aufspaltet, die in ihrem Kaliber den distalen Stümpfen entsprechen (Abb. 2).

Dennoch bleibt das Problem der numerischen Diskrepanz bei der Defektüberbrückung nach ausgedehnten Resektionen maligner Parotisgeschwülste fast unüberwindlich. Hinzu kommen bei der Rekonstruktion des N. facialis selbst folgende Nachteile:

1. Man muß immer ein freies Nerventransplantat gewinnen.
2. Die zentrale Anastomose muß in aller Regel in das Mastoid verlagert werden.

Beide Maßnahmen kosten Zeit, die nicht nur den Patienten sondern auch den Operateur belasten.

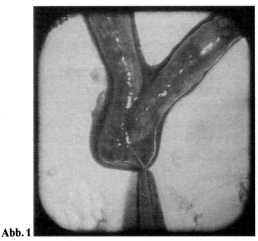 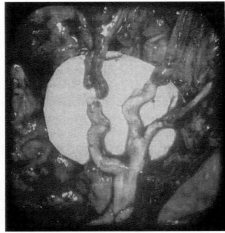

Abb. 1. Nach Mobilisation, Aneinanderlagerung, Resektion des Epineuriums an der Kontaktfläche und anschließendem Vernähen der Epineurium-Resektionsränder läßt sich die Zahl der peripheren Nervenäste des Pes anserinus auf die Hälfte reduzieren

Abb. 2. Durch Aufsplitten eines Interponats in seine Faszikel möglichst passender Durchmesser lassen sich mehrere periphere Nervenäste anastomosieren

3. Der größte Nachteil bei der Verwendung eines freien Interponats ergibt sich schließlich dadurch, daß neben einer zentralen Anastomose noch eine *zweite,* periphere *Anastomose* erforderlich wird. Im Vergleich zu einer End-zu-End-Anastomose benötigt in diesem Fall die Nervenregeneration sehr viel mehr Zeit und ist – vor allem unter einer zwischenzeitlich begonnenen Bestrahlung – in ihren Resultaten deutlich schlechter.

Ad A; 2:

Als äußerst sinnvolle Alternative bietet sich deshalb die Hypoglossus-Fazialis-Anastomose an, die sich durch folgende Vorteile auszeichnet:

1. Der N. hypoglossus liegt bei der Parotischirurgie bereits unmittelbar im Operationsfeld, so daß die Präparation von Nerventransplantaten in anderen Körperregionen entfällt.
2. Beim Absetzen des N. hypoglossus weit in der Peripherie, also unmittelbar vor seinem Eintritt in den Mundboden, und bei seiner Mobilisation bis hoch in die Fossa retromandibularis lassen sich erfahrungsgemäß die funktionell und kosmetisch besonders wertvollen Rami zygomatici sowie alle übrigen zur Mundregion führenden Fazialisäste spannungslos *end-zu-end*-anastomosieren, womit der Erfolg dieser Nervenplastik sehr sicher wird.
3. Falls erforderlich, lassen sich durch ein zusätzliches Aufsplitten des peripheren Nervenendes in einzelne Faszikel und durch die zusätzliche Mitnahme der Ansa cervicalis ausreichend viele periphere Äste des Pes anserinus versorgen.
4. Aufgrund der weit peripher liegenden Anastomosen ist die Reinnervationszeit kurz.

5. Eine Nachbestrahlung bleibt ohne negativen Einfluß, da meist schon vor deren Beginn die regenerierenden Axone die Anastomosen passiert haben.
6. Die Erfahrungen haben gezeigt, daß es in aller Regel bereits nach 4 Monaten zu einem ausgeglichenen Ruhetonus und nach einem mimischen Training über etwa 2 Jahre zu einer sehr guten Willkürmotorik insbesondere der peripheren oralen Muskulatur, zur Autonomie isolierter mimischer Funktionen und sogar zu begrenzten emotionalen Bewegungen kommt [4].

Dies kann selbst bei alten Patienten zu einer kosmetischen und funktionellen Rehabilitation führen, die dem Betroffenen auch zur Wiedergewinnung einer entscheidenden sozialen Lebensqualität verhilft (Abb. 3).

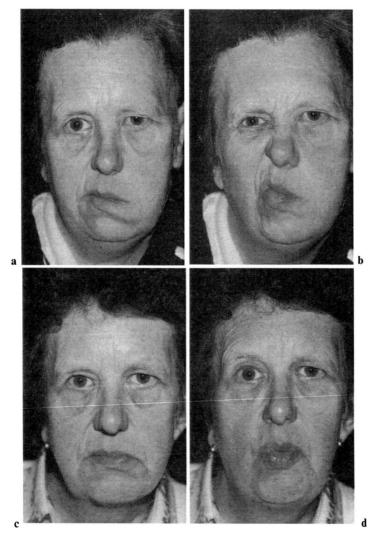

Abb. 3a-d. Vergleich des Funktionszustandes der mimischen Muskulatur vor (**a, b**) und nach (**c, d**) einer Hypoglossus-Fazialis-Anastomose bei einer 67-jährigen Patientin

Nicht immer ist es erforderlich, alle Aufzweigungen des Pes anserinus weit peripher abzusetzen. Wenn man gewissenhaft unter dem *OP-Mikroskop* die Nervenäste von der Peripherie her anterograd in Richtung Fazialis-Bifurkation präpariert und es sich dabei zeigt, daß diese Äste keinerlei Kontakte zum Tumor haben sondern im gesunden Parotisgewebe verlaufen, dann lassen sie sich oft bis zu einer Größenordnung erhalten, bei der für eine Rekonstruktion nur zwei oder drei Anastomosen erforderlich werden. Diese lassen sich dann in besonders idealer Weise allein mit dem N. hypoglossus versorgen (Abb. 4), was in aller Regel zu einer ausgezeichneten Wiederherstellung der Fazialisfunktionen führt.

Ad A; 3:

Bei sehr ausgedehnten Resektionen dagegen ist der bereits erwähnte *kombinierte Wiederaufbau* die Technik der Wahl (Abb. 5):

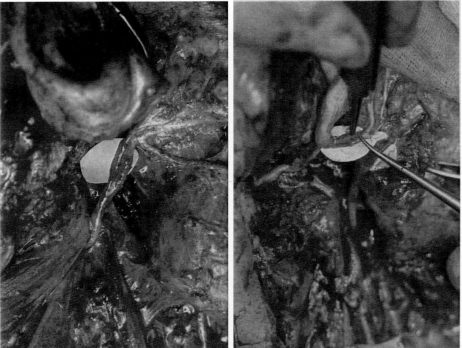

Abb. 4. Anastomose zwischen Nervus hypoglossus und zentralen Anteilen des Pes anserinus nach Entfernung eines Parotis-Malignoms. Die retrograde Präparation der Fazialisäste unter dem Operationsmikroskop erlaubte deren Erhaltung bis unmittelbar distal der Bifurkation

Abb. 5. Beispiel für einen kombinierten Wiederaufbau des N. facialis nach Resektion eines Parotis-Malignoms: Das freie Interponat (oben) verbindet den intratemporalen Nervenstamm mit den peripheren Augenästen; der N. hypoglossus (unten) läßt sich mit den caudalen Nervenstümpfen direkt anastomosieren

a) Durch eine direkte Verbindung des N. facialis über ein freies Transplantat ausschließlich mit den peripheren Augenästen lassen sich speziell die Blinkreflex-Fasern gezielt dem Auge wieder zuführen.
b) Nach ausreichender Mobilisation des N. hypoglossus lassen sich alle zur Mundregion gehörenden Fasern direkt anastomosieren, woraus sich die erwähnten Vorteile ergeben.
c) Man erreicht mit dieser kombinierten Technik eine getrennte Innervation des oralen und des okulären Sphinktersystems, wodurch sich die Massenbewegungen reduzieren lassen. Abbildung 6 zeigt ein klinisches Beispiel nach ausgedehnter Tumorresektion und kombiniertem Wiederaufbau.

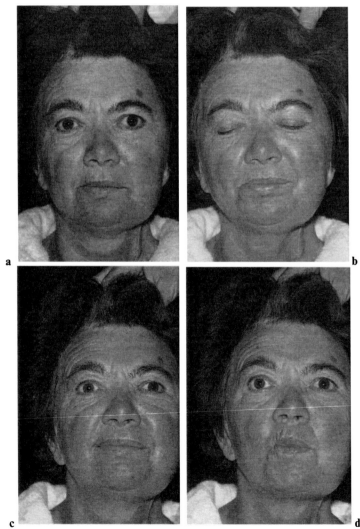

Abb. 6a-d. Funktionszustand der mimischen Muskulatur nach kombiniertem Wiederaufbau-Verfahren nach totaler Parotidektomie wegen eines Parotis-Malignoms mit vollständiger Resektion des Fazialisfächers links

Ad B; 1:

Die Muskel- und Faszien-Zügel-Plastiken sind angezeigt vor allem bei Patienten mit hohem Lebensalter oder bei Patienten mit erhöhtem Operationsrisiko [3]. Unter den Muskel-Transpositionen ist die *Masseter-Plastik* eine ideale Methode, denn nach der totalen Parotidektomie liegt dieser Muskel bereits vollständig exploriert im Operationsfeld. Die kosmetischen Ergebnisse stehen denen nach Temporalis-Plastik nicht nach. Funktionell sind die Patienten oft zu erstaunlich guten Exkursionen des Mundwinkels in der Lage (Abb. 7). Nach einigem Training kann der transponierte Musculus masseter sogar unabhängig von der übrigen

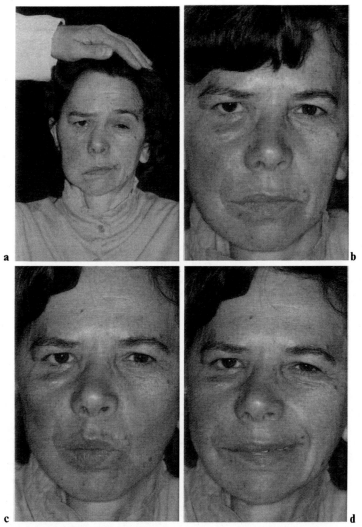

Abb. 7. Funktionszustand nach Gesichts-Rehabilitation durch eine Masseterplastik rechts (**a** vorher; **b** in Ruhe; **c** Mundspitzen; **d** Lächeln)

Kaumuskulatur aktiviert werden. Auf diese Zusammenhänge hat auch Conley hingewiesen [1].

Um Verletzungen der motorischen Trigeminus-Fasern zu vermeiden, sollte man eine Spaltung des Muskels nicht oder nur am äußersten distalen Ende vornehmen; in jedem Fall aber sollte der Muskel in toto verlagert werden, wodurch auch viel Raum gewonnen werden kann. Für eine ungestörte Wundheilung empfiehlt es sich, auf den freigelegten Unterkiefer den Wangen-Fettpfropf zu lagern und diesen mit dem mobilisierten Gewebe der Fossa sub- und retromandibularis zu vernähen.

In allen unseren Fällen war nach wenigen Monaten eine Nachkorrektur erforderlich, weil die Muskulatur trotz anfänglicher starker Überkorrektur in ihrer Spannung nachgelassen hatte. Die Nachkürzung erfolgte stets in der Nasolabialfalte durch eine einfache Exzision des Muskel- bzw. Narbengewebes.

Ad B; 2:

Da die *Temporalis-Plastik* kosmetisch keine entscheidenden Vorteile gegenüber der Masseter-Plastik bringt, jedoch aufwendiger ist, kommt sie im Rahmen der Parotis-Tumorchirurgie kaum in Betracht.

Ad B; 3:

Da die Entnahme eines Sehnentransplantats von der Fascia lata und ihre Implantation in das Gesicht keinesfalls weniger aufwendig ist als die Masseter-Plastik, kommt die *Faszien-Zügel-Plastik* nur dann als Alternative in Betracht, wenn sie als *sekundäre Maßnahme* durchgeführt wird. Sie kann dann in Lokalanästhesie erfolgen, so daß der Patient auch durch Kontrolle im Spiegel selbst das Ausmaß der Anhebung mitbestimmen kann.

Literatur

1. Conley J (1979) Facial rehabilitation: New potentials. In: Baler DC (ed) Clinics in plastic surgery. Saunders, Philadelphia
2. Seifert G, Miehlke A, Haubrich J, Chilla R (1984) Speicheldrüsenkrankheiten - Pathologie - Klinik - Therapie - Fazialischirurgie. Thieme, Stuttgart New York
3. Stennert E (1986) Die Rehabilitation der Fazialisparese bei alten Menschen: Indikationen und Techniken. In: Neubauer H (Hrsg) Plastische und Wiederherstellungschirurgie des Alters. Springer, Berlin Heidelberg New York, S 248-255
4. Stennert E, Limberg CH (1982) Central connections between fifth, seventh and twelfth cranial nerves and their clinical significance. In: Graham MD, House WF (eds) Disorders of the facial nerve. Raven Press, New York, pp 57-65
5. Stennert E, Miehlke A, Schröder M (1982) Combined approach in extratemporal facial reconstruction. In: Graham MD, House WF (eds) Disorders of the facial nerve. Raven Press, New York, pp 431-437

Besonderheiten der chirurgischen Therapie von Parotistumoren

Diskussionsbemerkungen

Stoll (Münster): Ich glaube, Sie müssen Ihre Ausführung hinsichtlich der Indikation zur Fazialisresektion erweitern. Wir wissen heute durch die Arbeiten von Chilla und auch unserer Arbeitsgruppe, daß bei weit fortgeschrittenen Parotismalignomen die Prognose durch radikales chirurgisches Vorgehen nicht wesentlich gebessert werden kann. Sollte man daher insbesondere bei älteren Patienten nicht eher auf die Radikalität verzichten, um ihnen den Verlust der Gesichtsnerven zu ersparen?

Stennert (Köln): Ich stimme Ihnen zu, daß wir diese absolute und definitive Radikalität heute nicht mehr gut heißen können. Es gilt nach wie vor, daß bei malignen Tumoren, die den Facialis involviert haben, der Gesichtsnerv mit dem Tumor reseziert werden muß. In einem wichtigen Punkt hat sich das operative Vorgehen in den letzten Jahren jedoch entscheidend geändert: während man früher, um Rezidive zu vermeiden, auf eine Fazialisrekonstruktion verzichtete, versuchen wir heute generell den Patienten durch rekonstruktive Maßnahmen zu rehabilitieren.

Federspil (Homburg): Halten Sie noch an dem bekannten Prinzip fest, daß bei Parotismalignomen mit präoperativer Fazialisparese auf eine Rekonstruktion des Nerven verzichtet werden soll, zumal dann sowieso nur eine minimale Aussicht auf Erfolg besteht?

Stennert (Köln): Das war in der Tat die frühere Ansicht. Nach wie vor gilt, daß man bei präoperativer Fazialisparese den Nerven zu resezieren hat. Die Ansicht, daß man ihn nicht wieder aufbauen darf, ist allerdings heute nicht mehr gerechtfertigt.

Wustrow (Kiel): Welchen Einfluß hat die Bestrahlung auf das Nerveninterponat?

Stennert (Köln): Diese Frage ist nur schwer zu beantworten, zumal gerade die Einwirkung ionisierender Strahlen auf ein noch leeres Interponat noch ungeklärt ist. Sicherlich dürfte es zu einer verstärkten Fibrose kommen. Die Verwendung eines langen Interponates bei geplanter postoperativer Bestrahlung ist hinsichtlich der zweiten Anastomosen immer problematisch. Es sollte daher eine End-zu-End-Anastomose angestrebt werden.

Ergebnisse der Strahlentherapie bei malignen Speicheldrüsentumoren

B. KIMMIG, M. FLENTJE, H. KUTTIG und K. ZUM WINKEL

Zusammenfassung

Therapie der Wahl von malignen Speicheldrüsentumoren ist die radikale Resektion. Die Rezidivraten nach alleiniger Operation sind allerdings hoch und begründen das Interesse an einer postoperativen Radiatio. Die Nachbestrahlung führt zu einer deutlichen Senkung der Rezidivraten und es gibt Hinweise, daß dadurch auch die Überlebensraten der Patienten verbessert werden.

Wir haben von 1968 bis 1984 insgesamt 61 Patienten mit malignen Parotistumoren nach einem einheitlichen Vorgehen mit schnellen Elektronen bestrahlt. Bei 58 Patienten erfolgte die Radiatio postoperativ, bei 3 Patienten primär. Die mittlere Nachbeobachtungszeit betrug 57 Monate. Es fand sich eine lokale Rezidivrate von 16%, dabei war kein signifikanter Unterschied zwischen den in sano und den non in sano operierten Patienten zu verzeichnen. Die 5-Jahres-Überlebensrate des Gesamtkollektivs lag bei 43%. Die mediane Überlebenszeit bei 52 Monaten. Fernmetastasen traten bei 38% der Patienten auf – kam es zum Lokalrezidiv, lag die Rate der Fernmetastasierung bei 80% ($8/10$).

Bemerkenswert ist das Vorkommen von pleomorphen Adenomen in der Anamnese von 10 Patienten und das Auftreten von histologisch differenten Zweittumoren in 9 Fällen.

Einleitung

Tumoren der Speicheldrüsen machen 3–4% der Neoplasien im HNO-Bereich aus. 80% treten in der Parotis auf, 10% in der Submandibularis, 9% in den kleinen Speicheldrüsen und 1% in der Sublingualis [12]. Der Anteil der Malignome nimmt in der gleichen Reihenfolge zu: Er beträgt bei den Tumoren der Parotis ca. 20%, bei den Tumoren der Submandibularis fast 50% und denen der Sublingualis über 90% [12]. Therapie der Wahl ist die Operation. Die benignen Tumoren sollten ausschließlich operiert werden, eine Indikation zur Radiatio ist – wenn überhaupt – nur bei Rezidiven gegeben [13, 18]. Auch die malignen Speicheldrüsentumoren sind meist histologisch ausgereift und werden als wenig strahlensensibel eingeschätzt [18]. Bei der primären Radiatio ist dementsprechend nur mit einem palliativen Effekt zu rechnen, sie sollte den inoperablen Fällen vorbehalten sein.

Klinikum der Universität, Zentrum Radiologie, Strahlenklinik, Abt. Allg. Radiologie mit Poliklinik, Voßstr. 3, D-6900 Heidelberg 1

Die Rezidivraten von Speicheldrüsenmalignom nach alleiniger Operation sind auch nach radikaler Resektion hoch: Angegeben werden bei Zusammenfassung aller Histologien zwischen 38 und 76% [1, 2, 7, 8, 18]. Aus strahlenbiologischen Untersuchungen und von der klinischen Erfahrung her ist bekannt, daß einzelne Tumorzellen und kleine isolierte Tumorzellverbände wesentlich strahlensensibler sind als große solide Tumoren. Die Strahlentherapie bietet sich daher als postoperative Maßnahme an, um verbliebene Tumorreste zu devitalisieren und die Rezidivrate zu senken.

Im folgenden wird über die Ergebnisse der Strahlentherapie bei 61 Patienten mit malignen Parotistumoren berichtet, die an der Universitäts-Strahlenklinik Heidelberg behandelt wurden.

Patientenkollektiv

In den 17 Jahren von 1968 bis Ende 1984 wurden insgesamt 61 Patienten (m: 29, f: 32) mit Parotiskarzinomen einer Strahlentherapie unterzogen. Das Patientenalter lag zwischen 21 und 85 Jahren mit einem mittleren Alter bei 62 ± 15 Jahren. Zum Zeitpunkt der Tumordiagnose lagen bei 16 Patienten bereits zervikale Lymphknotenmetastasen und bei 1 Patienten eine Fernmetastasierung vor. Bei 9 Patienten waren anamnestisch pleomorphe Adenome bekannt, aus denen sich drei pleomorphe Karzinome, drei undifferenzierte Karzinome, ein Plattenepithelkarzinom, ein adenoidzystisches Karzinom und ein mukoepidermoidaler Tumor entwickelten. Der Zeitraum zwischen dem Auftreten der Adenome und der Diagnose der Karzinome betrug im Mittel 17 Jahre. Bemerkenswert hoch ist die Zahl der Patienten, bei denen das Parotiskarzinom als Zweitmalignom auftrat. Es handelt sich um 10 Fälle (3 Mammakarzinome, 2 Blasenkarzinome, 1 Prostatakarzinom, 1 Hautkarzinom, 1 Mundbodenkarzinom, 1 Gehörgangskarzinom und eine Lymphogranulomatose).

Bei der histologischen Verteilung (Tabelle 1) fällt auf, daß gegenüber den Angaben anderer Autoren die Plattenepithel-Karzinome und die undifferenzierten Karzinome überrepräsentiert sind [2, 6, 13].

Bei 58 der 61 Patienten erfolgte eine operative Tumorresektion mit Nachbestrahlung, wobei die Tumorentfernung bei 21 Patienten in sano gelang, während sie bei 37 Patienten non in sano erfolgte. Drei Patienten wurden - nach einer Probeexzision zur Bestimmung der Histologie - primär bestrahlt. Die mittlere Nachbeobachtungszeit der Kollektivs betrug 57 Monate.

Tabelle 1. Zusammensetzung des Heidelberger Patientenkollektivs (n=61) nach Tumor-Histologie

Plattenepithel-Karzinome	15 (25%)
Undifferenzierte Karzinome	14 (23%)
Pleomorphe Karzinome	13 (21%)
Adenokarzinome	8 (13%)
Mukoepidermoidale Karzinome	7 (11%)
Adenoidzystische Karzinome	4 (7%)

Strahlentherapeutische Technik

Alle Patienten wurden mit Elektronen an einem 42 MeV- bzw. 18 MeV-Betatron (Siemens) behandelt. Die Elektronenenergie lag zwischen 7,5 und 25 MeV, die Feldgrößen variierten entsprechend der Tumorausdehnung zwischen 6×6 und 10×12 cm^2. Die Dosis im Referenzpunkt lag bei der Mehrzahl der Patienten zwischen 55 und 70 Gy in einer Fraktionierung von 2 Gy Einzeldosis und 10 Gy pro Woche. Bei 10 Patienten wurden 50 Gy Referenzdosis in einer Fraktionierung von 2,5 Gy Einzeldosis und 12,5 Gy pro Woche appliziert. Bei 4 Patienten mußte die Strahlentherapie wegen Verschlechterung des Allgemeinzustandes vorzeitig abgebrochen werden.

Bei Vorliegen von zervikalen Lymphknotenmetastasen oder bei entsprechendem klinischem Verdacht wurden die zervikalen Lymphabflußwege der gleichen Seite in gleicher Dosierung und Fraktionierung mitbelastet. Einen typischen

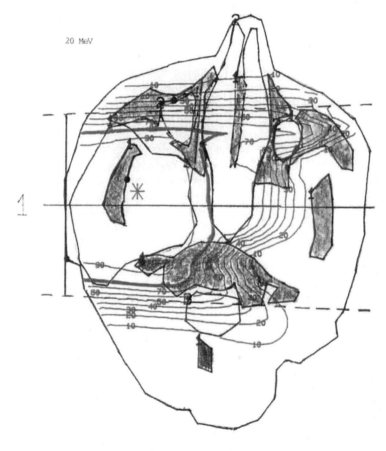

Abb. 1. Bestrahlungsplan mit schnellen Elektronen von 20 MeV für ein Parotiskarzinom. Die 90% Isodose umfaßt das Tumorbett mit einem Sicherheitsabstand, das Spinalmark wird mit weniger als 50% der Referenzdosis belastet

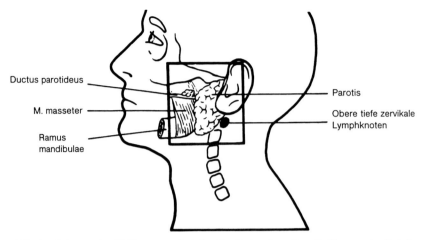

Abb. 2. Schema der Feldgrenzen bei der Radiatio eines Parotis-Tumors in Relation zu der darunterliegenden Anatomie (nach Dobbs u. Barrett [5])

Bestrahlungsplan für die Parotisregion zeigt Abbildung 1. Zu beachten ist die Schonung des Spinalkanals – die Toleranzdosis des Spinalmarks beträgt bei üblicher Fraktionierung 40 Gy. Außerdem sollten die Speicheldrüsen der Gegenseite geschont werden, um eine für den Patienten unter Umständen sehr quälende Xerostomie zu vermeiden. Zur Lage des primären Bestrahlungsfeldes ist zu bemerken, daß die obere Feldgrenze die Orbita ausspart, die vordere Feldgrenze ventral des Musculus masseter liegt und so der gesamte Ductus parotideus eingeschlossen ist. Die hintere Feldgrenze reicht bis zum Processus mastoideus, die untere bis zum Zungenbein. Eingeschlossen in das Bestrahlungsfeld sind damit neben der präauriculären auch die obere tiefe zervikale Lymphknotengruppe (Abb. 2).

Ergebnisse

Die 5-Jahres-Überlebensrate des gesamten Kollektivs betrug nach Kaplan-Meier-Schätzung ohne Alterskorrektur 43%, die mediane Überlebenszeit 52 Monate. Eine Aufschlüsselung nach dem N-Stadium zeigte die deutlich schlechtere Prognose der Patienten, die bei Diagnosestellung einen Lymphknotenbefall hatten (Abb. 3).

Rezidive innerhalb des Bestrahlungsfeldes traten bei 10 Patienten (16%) auf und zwar vorwiegend im ersten Jahr nach Primärtherapie (Abb. 4). Eine Analyse der Rezidivrate nach dem Ergebnis der Operation ergab, daß 19% (4/21) der in sano operierten Patienten ein Rezidiv entwickelten, während es bei den non in sano operierten und primär bestrahlten Patienten 15% (6/40) waren.

Metastasen traten bei 23 Patienten (38%) nach Primärtherapie auf, und zwar bevorzugt in den ersten beiden Jahren (Abb. 5). Die Metastasierungsrate betrug bei den Patienten, die kein Lokalrezidiv entwickelten 30% (15/50) und bei den Patienten,

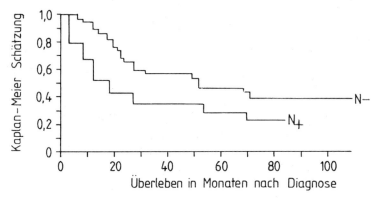

Abb. 3. Überlebensraten nach Kaplan-Meier-Schätzung von 61 Patienten mit malignen Parotistumoren aufgeschlüsselt nach Lymphknotenbefall

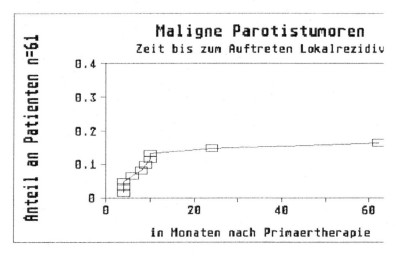

Abb. 4. Zeitlicher Verlauf des Auftretens von Rezidiven bei dem Heidelberger Patientenkollektiv. Rezidivrate insgesamt 16% (10/61)

die ein Lokalrezidiv entwickelten 80% (8/10). Die lokale Tumorkontrolle ist also mit der Inzidenz der Metastasierung korreliert. Das ist eine Beobachtung, die auch von anderen Gruppen gemacht wurde [9, 20].

Diskussion

In Tabelle 2 sind die Literaturangaben zu den Ergebnissen der postoperativen Strahlentherapie bei Speicheldrüsenmalignomen zusammengestellt. Die Arbeit von Glanzmann faßt die Literatur bis 1976 zusammen [8]. Das größte Kollektiv von Speicheldrüsentumoren wurde 1986 von Fitzpatrick beschrieben [6]. Es handelt sich um 399 Patienten, die zwischen 1958 und 1980 in Toronto behandelt wur-

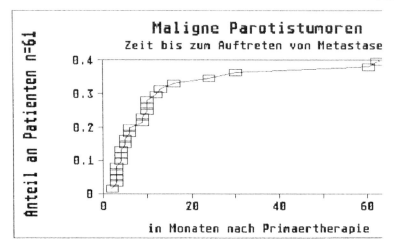

Abb. 5. Zeitlicher Verlauf des Auftretens von Fernmetastasen nach Primärtherapie bei dem Heidelberge Patientenkollektiv (23/60, 38%)

Tabelle 2. Literaturangaben zur 5-Jahres-Überlebensrate und zur Rezidivrate bei malignen Speicheldrüsentumoren, die postoperativ bestrahlt wurden. n: Patientenzahl

Autor	Jahr	n	5-JÜ	Rez.-Rate
Glanzmann et al.	1976	233	61%	32%
Rafla	1977	67	42%	–
Tapley	1977	33	–	9%
Fu et al.	1977	100	68%	14%
Zuppinger u. Escher	1979	114	57%	24%
Viravathana et al.	1981	30	57%	20%
Chung et al.	1982	44	51%	31%
McNaney et al.	1983	77	–	13%
Borthne et al.	1986	183	48%	34%
Fitzpatrick u. Theriault	1986	239	63%	26%
eigene Ergebnisse	1986	61	43%	16%

den: 239 wurden operiert und nachbestrahlt, 110 nur operiert und 50 primär bestrahlt. Die 10 Jahres-Überlebensraten dieser drei Gruppen waren mit 66% bzw. 50 und 17% signifikant verschieden.

Die Angaben zu den 5-Jahres-Überlebensraten liegen zwischen 42 und 68%, die Rezidivraten zwischen 9 und 34% (Tabelle 2). Bei einem Vergleich dieser Daten ist zu berücksichtigen, daß es sich um von der Histologie her unterschiedlich zusammengesetzte Kollektive handelt, die überdies von Technik und Dosierung her nicht einheitlich behandelt wurden. Auch innerhalb der einzelnen Kollektive bestehen, da sich die Nachbeobachtung zum Teil über Jahrzehnte erstreckte, Unterschiede in den operativen und strahlentherapeutischen Techniken.

Die kombinierte Therapie von Operation und Nachbestrahlung ist nach allen verfügbaren Angaben der alleinigen Operation deutlich überlegen. Die primäre Radiatio schneidet schlecht ab - was einerseits auf der a priori ungünstigen Prognose dieser Patientengruppe beruht, andererseits aber auch als Ausdruck der geringen Strahlensensibilität ausgedehnter solider Speicheldrüsentumoren zu werten ist.

Interessant und vielversprechend scheint die Anwendung von schnellen Neutronen in der Therapie ausgedehnter Parotistumoren (T_3 und T_4-Stadien) zu sein: Trotz der ungünstigen Tumorgrößen lagen die Rezidivraten nach Neutronen-Therapie relativ niedrig zwischen 20 und 30% und in randomisierten Studien läßt sich ein Vorteil der Neutronentherapie gegenüber einer Photonen- oder Elektronentherapie nachweisen [17].

Unsere eigenen Ergebnisse liegen bezüglich der Rezidivrate im mittleren Bereich der Angaben aus der Literatur, während sie bezüglich der 5 Jahres-Überlebensrate eher in den unteren Bereich fallen. Wir führen das auf die ungünstigere histologische Verteilung mit einem höheren Anteil von undifferenzierten und Plattenepithel-Karzinomen zurück.

Detaillierte Dosiswirkungskurven können der Literatur nicht entnommen werden. Übereinstimmend wird aber die Ansicht vertreten, daß die Gesamtdosis bei üblicher Fraktionierung nicht unter 55 Gy liegen sollte [18]. Eine Differenzierung der Dosis nach der Histologie der Speicheldrüsen-Karzinome im Rahmen einer postoperativen Bestrahlung erscheint nicht gerechtfertigt, da eindeutige Belege für eine unterschiedliche Radiosensitivität bisher fehlen.

Zusammenfassend lassen sich folgende drei Punkte über die Wirksamkeit der Strahlentherapie bei Speicheldrüsen-Karzinomen konstatieren:

1. Lokale Kontrolle bei inoperablen Tumoren ist möglich. In der überwiegenden Zahl der Fälle kann aber nur ein palliativer Effekt erzielt werden. Verbesserungen sind zu erwarten durch den Einsatz von Neutronen oder durch die adjuvante Anwendung der Hyperthermie [17, 19].
2. Die postoperative Strahlentherapie führt zu einer deutlichen Senkung der Rezidivrate (um den Faktor 2 und mehr). Diese Tatsache sollte im individuellen Fall bei einer Entscheidung über die Radikalität einer vorgegebenen Operation mitberücksichtigt werden.
3. Mit der lokalen Kontrolle korreliert ist eine geringere Metastasierungsrate und damit verbunden eine erheblich bessere Prognose der Patienten. Ob es sich hierbei um einen kausalen Zusammenhang oder um eine gemeinsame Relation zur biologischen Aggressivität des Tumors handelt, muß allerdings offen bleiben.

Literatur

1. Beahrs OH, Woolner LB, Carveth SW, Devine KD (1960) Surgical management of parotid lesions. Review of sevenhundred sixty cases. Arch Surg 80: 890-904
2. Borthne A, Kjellevold K, Kaalhus O, Vermund H (1986) Salivary gland malignant neoplasms: treatment and prognosis. Int J Radiat Oncol Biol Phys 12: 747-754
3. Chung CT, Sagerman RT, Ryoo MC, King GA, Yu WS, Dalal PS (1982) The changing role of external beam irradiation in the management of malignant tumors of the major salivary glands. Radiology 145: 175-177

4. DeConti RC (1984) Progress in the management of salivary gland tumors. Clinical Cancer Briefs 6: 12–21
5. Dobbs J, Barrett A (1985) Practical radiotherapy planning. Edward Arnold Ltd., London
6. Fitzpatrick PJ, Theriault C (1986) Malignant salivary gland tumours.
7. Fu KK, Leibel SA, Levine ML, Friedlander LM, Boles L, Phillips TL (1977) Carcinoma of the major and minor salivary glands. Cancer 40: 2882–2890
8. Glanzmann L, Aberle HG, Burgener F, Willi F, Horst W (1976) Rolle der Strahlentherapie bei der Behandlung von Speicheldrüsenkarzinomen (Ergebnisse von 80 Patienten). Strahlentherapie 152: 395–403
9. Guillamondegui OM, Byers RM, Luna MA, Chiminazzo H, Jesse RH, Fletcher GH (1975) Aggressive Surgery in treatment for parotid cancer: The role of adjunctive postoperative radiotherapy. AJR 123: 49–54
10. McNaney D, McNeese MD, Guillamondegui OM, Fletcher GH, Oswald MJ (1983) Postoperative irradiation in malignant epithelial tumors of the parotid. Int J Radiat Oncol Biol Phys 9: 1289–1295
11. Million RR, Cassisi NJ, Wittes RE (1985) Cancer of the head and neck. In: DeVita VT, Hellman S, Rosenberg SA (eds) Cancer, 2nd ed. J.B. Lippincott, Philadelphia, p 407
12. Rafla S (1977) Malignant parotid tumors: natural history and treatment. Cancer 40: 136–144
13. Seifert G, Miehlke A, Haubrich J, Chilla R (1984) Speicheldrüsenkrankheiten. Pathologie - Klinik - Therapie - Fazialischirurgie. Thieme, Stuttgart New York
14. Spiro RH, Huvos AG, Strong EW (1975) Cancer of the parotid gland. Am J Surg 130: 452–459
15. Tapley NduV (1977) Irradiation treatment of malignant tumors of the salivary glands. Ear Nose Throat J 56: 110–114
16. Viravathana T, Prempree T, Scott RM (1981) Irradiation of malignant tumors of the parotid gland. Acta Radiol Oncol 20: 75–80
17. Wambersie A, Battermann JJ (1985) Review and evolution of clinical results in EORTC Heavy-Particle Therapy Group. Strahlentherapie 161: 746–755
18. Wannenmacher M (1980) Ohr, Gehörgang und Parotis. In: Scherer E (Hrsg) Strahlentherapie. Thieme, Stuttgart, S 424–433
19. Weischedel U, Wieland C (1986) Die Strahlentherapie beim adenoidzystischen Karzinom. Onkologie 9: 262–267
20. Zuppinger A, Escher F (1979) Schnelle Elektronen bei der Therapie von Speicheldrüsentumoren. Strahlentherapie 155: 75–81

Diskussionsbermerkungen

Clasen (München): Sie sagten, daß Sie die zervikalen Lymphabflußgebiete dann bestrahlen wenn der Verdacht auf das Vorliegen von Halslymphknotenmetastasen besteht. Bestrahlen Sie denn nicht automatisch die Halslymphknoten mit?

Kimmig (Heidelberg): Doch, allerdings nur die oberen tiefen Halslymphknoten. Die übrigen zervikalen Halslymphknoten bis zur Clavicula werden nicht generell mitbestrahlt. Diese Lymphknotengruppen sollten jedoch bei bestimmten Tumoren, z.B. beim Vorliegen eines undifferenzierten Karzinoms oder eines Plattenepithelcarcinoms primär mitbestrahlt werden.

Feichter (Heidelberg): Gibt es bei Parotismalignomen Hinweise dafür, daß zwischen Wachstumsverhalten und Wachstumsgeschwindigkeit und dem Ansprechen auf die Strahlentherapie Zusammenhänge bestehen?

Kimmig (Heidelberg): Nach strahlenbiologischen Gesichtspunkten werden die Tumoren immer strahlensensibler, je undifferenzierter bzw. maligner sie sind. Das gilt hier sicher auch. Ich habe allerdings zu betonen versucht, daß die Parotismalignome abgesehen von den undifferenzierten Karzinomen als eher strahlenresistent einzustufen sind. Daher auch die schlechten Ergebnisse bei der primären Radiatio wenn man nicht zu anderen Stahlenqualitäten bzw. zur Hyperthermie übergeht. Anders verhält es sich bei der Nachbestrahlung. Hier liegen oft nur Einzelzellen oder kleine Tumorzellverbände vor, die wie man heute weiß, unabhängig von der Histologie wesentlich strahlensensibler sind und bei ausreichender Dosierung, d.h. 60-70 Gy gut ansprechen.

Sachverzeichnis

Adenoidzystisches Karzinom 53, 54, 61, 64, 91, 116, 156
   chirurgische Therapie 117, 178
   Strahlentherapie 190
Adenokarzinom 53, 91, 95, 107, 156
   chirurgische Therapie 177, 178
   Strahlentherapie 190
Adenom, monomorphes 53, 69
Adenom, pleomorphes 53, 64
Anorexia nervosa 47
Aplasie 100
Aprotinin 29, 33
Aspirationszytologie s. Feinnadelbiopsie
Azinuszelltumor 53, 63, 64, 91, 116, 117, 125, 156
   chirurgische Therapie 178

Bulimia nervosa 47–49
   Histologie 48
   Sialadenose 50, 51

CT 86, 97, 123
CT-Sialographie 119

Desmoplakin 61
Dilatationskatheter 38–40
Dyschylie 41

Eisbergtumor 129, 130
Elektrolytsialadenitis 37, 103, 106
Epitheliotrope Antikörper 61

Fazialisverletzung, iatrogene 37, 43
Feinnadelbiopsie 85, 93, 111
   Treffsicherheit 85
   Tumorzellverschleppung 85
Funktionsszintigraphie 49, 97, 98

Gallium-67-Szintigraphie 99, 100
   Gangschlitzung 37, 38
   Strahlenbelastung 109
   Therapiekontrolle 106

Hämangiom, Glandula parotis 139
Heerford-Syndrom 147
Hellzelliges Karzinom 53
Hyperthermie 195

Immunzytochemie 96
Immunozytom 106
Intermediärfilamentpolypeptide 77–80
Intermediärfilamentproteine 59

Kallikrein 17, 29
Karzinom, adenoidzystisches 53, 54, 61, 64
Karzinom, hellzelliges 53, 156
Karzinom im pleomorphen Adenom 53, 156
   chirurgische Therapie 177, 178
Karzinom, spinozelluläres 117
Karzinom, undifferenziertes 156
   chirurgische Therapie 177, 178
Katheterdilatation 42, 43
Kernspintomographie 119, 123
   Auflösungsvermögen 138
   Azinuszelltumor 132, 133
   Eisbergtumor 129, 130
   Grundlagen 124
   Indikationen 135–137
   Kontraindikationen 125
   Lymphangiom, kavernöses 131, 132
   Mukoepidermoidtumor 133, 134
   N. facialis 126, 127
   normale Glandula parotis 125, 126
   normale Glandula submandibularis 128
   Parotishämangiom 139
   Parotitis 134, 135
   Plattenepithelkarzinom 133
   pleomorphes Adenom 129
Kontrastmittel, öliges 141
Kontrastmittel, wasserlösliches 141
Küttner-Tumor 41

Laktoferrin 107
Lipom 95
   Sonographie 114, 115

Lithotripsie 38, 40
Lymphangiom, kavernöses 125
Lymphknoten, intraparotidealer 115

Marker, zelltypspezifische 56
Melanommetastase 105
Mesenchymale Tumoren 53
Metastase 100
Monomorphe Adenome 53
Mukoepidermoidtumor 53, 91, 116, 117, 125, 156
   chirurgische Therapie 177, 178
   Strahlentherapie 190
Myoepitheliale Sialadenitis 167
   Immunozytom 169

N. facialis 178, 179
   End-zu-End-Anastomose 181
   Fazialisinterponat 179
   Hypoglossusfazialisanastomose 179, 181, 182
   kombinierter Wiederaufbau 179, 183, 184
   Muskel/Faszienzügelplastik 185, 186
   Muskelzügelplastik 179
   Nachbestrahlung 182
   präoperative Parese 187
NMR 86, 97
Neck dissection 178
Nerveninterponat 187
Neutronenbestrahlung 195
Non-Hodgkin-Lymphom, malignes 91, 104

Parotidektomie 43
   laterale 178
   totale 178
Parotisgangstein 37, 41, 43
Parotisschwellung 45
   Dystrophie 45
   Fehlernährung 45
Parotistumoren 177
   chirurgische Therapie 177, 178
Parotistumoren, maligne 193–195
   Hyperthermie 195
   Neutronenbestrahlung 195
   Rezidivrate 194
   Überlebensrate 193
Parotitis, akute 100, 145
Parotitis, chronisch-rezidivierende 17, 99–101, 103
   Aprotinin 29
   Gangruptur 19
   Kallikreininhibitor 25
   Kallikrein-Kinin-System 17

Parotidektomie 34
Pathogenese 24, 25
Phosphohexoseisomerase 29
Sialographie 30
Speichelflußrate 18, 19
Speichelkallikrein 18, 24
Strahlentherapie 33
Symptome 17
Therapie 29
Trasylol 27, 34
Zytologie 30
Parotitis, postoperative 17
Phosphohexoseisomerase (PHI) 29–32
Plattenepithelkarzinom 53, 62, 91, 95, 125, 156
   chirurgische Therapie 177, 178
   Strahlentherapie 190
Pleomorphes Adenom 53, 64, 91, 93, 99, 103–106, 113, 114, 125

Radiogene Sialadenitis 103
Radiojodtherapie 97
Real-time-Sonographie 111

Sarkoidose 106, 147
   Gallium-67-Szintigraphie 103
Sialadenitis 142–144
Sialadenitis, Glandula submandibularis 43
Sialadenitis, myoepitheliale 106
   Diagnostik 175
   Immunhistochemie 168
   Kontrolluntersuchung 173
   malignes Lymphom 167–170, 172, 175
   Prälymphom 172
   Proliferationsherde 168, 169
   Therapie 175
Sialadenitis, obstruktive 1
   Altersverteilung 8
   Differentialdiagnose 12
   Dyschylie 2
   Elektrolytsialadenitis 2
   experimentelle 13
   Geschlechtsverteilung 9
   Häufigkeit 8
   Histopathologie 3
   Jodid 2
   Kalziphylaxie 2
   Kontrastmittelextravasat 15
   Leukoplakie 1
   Lokalisation 7
   Pathogenese 9
   Prothese 1
   Sialolithiasis 1, 2

Sachverzeichnis

Speicheldrüsentumoren 1
Speicheldrüsenzirrhose 1
Stadien 3-7
Stomatitis 1
Sialadenitis, radiogene 103
Sialadenitis, virale 100
Sialadenose 49
Sialochemie 30, 86, 111
Sialographie 48, 86, 97, 111, 123, 141
   adenoidzystisches Karzinom 152
   Aktinomykose 149
   akute Parotitis 145
   Fazialisverlauf 154
   Normalbefund 142
   pleomorphes Adenom 151, 152
   Sialadenitis, myoepitheliale 145-147
   Sialadenose 149, 150
   Sialolithiasis 143, 144
   Speicheldrüsentumoren 150
   Technik 142
Sialolithiasis 37, 38, 100, 142
   Bakteriologie 41
   Katheterdilatation 37
   Speichelchemie 41
   Stoßwellen-Lithotripsie 38
   Therapie 37, 38
Sialometrie 88, 111
Sjögren-Syndrom 48, 103, 106, 147, 148, 167, 171-173
Sonographie 48, 97
   normale Glandula parotis 112, 113
   pleomorphes Adenom 113, 114
   präoperative Diagnostik 119
   Sensitivität 119
   Therapiekontrolle 120
   Tumordifferenzierung 119
Speichelchemie 41, 49
Speicheldrüsenabszeß 100
Speicheldrüsenaplasie 100
Speicheldrüsenkarzinom 100
   Strahlentherapie 195
Speicheldrüsenregister 1, 2
Speicheldrüsentumoren
   Echomorphologie 118
   Häufigkeit 156
   Sonographie 118
Speicheldrüsentumoren, maligne 105, 107
   Bestrahlungstechnik 191, 192
   Ersterhebung 163
   Fernmetastasen 157, 159
   Folgeerhebung 164
   Gallium-67-Szintigraphie 104
   Immunhistologie 54, 61, 62

Klassifikation 160
   Nachbestrahlung 178, 189
   Rezidivrate 190
   Sonographie 115
   Stadieneinteilung 160
   Strahlensensibilität 197
   Strahlentherapie 178, 189, 190, 192, 193, 195
   Zweittumor 192
Speichelgangskarzinom 53, 156
   chirurgische Therapie 178
Speichelgangszyste 116
Stoßwellen-Lithotripsie 38, 43
Strahlentherapie 189
Szintigraphie 48, 97

TNM-Klassifikation Kopfspeicheldrüsen 155
   EDV-Dokumentation 162
   Grading, histologisches 161
   R-Klassifikation 161
   r-Symbol 161
   Speicheldrüsentumoren, maligne 155
   y-Symbol 161
Talgdrüsenkarzinom 53, 156
Technetium-99m-Pertechnetat 97
Trasylol 27, 34, 106
Tuberkulose 103, 105
Tumormarker 55
Tumorzellverschleppung 85

Ultraschall 111
Ultraschall-Lithotripsie 43
Unterkieferresektion 178

Vimentin 61, 63
Virus 100, 105

Zystadenolymphom 53, 91, 93, 99, 100, 103, 105-108, 115, 116, 125
   Glandula parotis 81
   Glandula sublingualis 81
   Glandula submandibularis 81
   Histogenese 69
   Immunhistologie 73
   intraglanduläre Lymphknoten 84
   Kernspintomographie 131
   kleine Mundspeicheldrüsen 81
   Makromorphologie 70
   Sonographie 103, 115
   Zytoskelett 73
Zyste 100
Zytokeratinantikörper, monoklonale 60

Zytokeratinpolypeptide 63
Zytologie 30, 85
   Elektrolytsialadenitis 86
   normale Glandula parotis 86
   Parotistumoren 90
   Punctio sicca 91

Sialadenitis 88
Sialadenitis, epitheloidzellige 89
Sialadenitis, myoepitheliale 88, 89
Sialadenitis, obstruktive 86
Sialadenose 88
Trefferquote 96

H.-P. Zenner, Würzburg

Allergologie in der Hals-Nasen-Ohren-Heilkunde

Geleitwort von K. Terrahe

1987. 27 Abbildungen, 29 Tabellen. XII, 145 Seiten. Gebunden DM 78,–. ISBN 3-540-17412-5

Inhaltsverzeichnis: Einführung. – Immunologische Grundlagen. – Allergische Rhinitis. – Allergologische Notfälle. – Extranasale Allergien und Pseudoallergien. – Weiterführende Literatur. – Sachverzeichnis.

Zum erstenmal wird hier ein umfassender praktischer Leitfaden durch das bedeutsame Teilgebiet der Allergologie in der Hals-Nasen-Ohrenheilkunde in Buchform vorgelegt. Dem mit der Erkennung und Behandlung von allergischen Krankheitsbildern in der Hals-Nasen-Ohrenheilkunde beschäftigten Arzt vermittelt das Buch erstmals einen umfassenden und praxisgerechten Überblick über die gegenwärtigen Möglichkeiten der allergologischen Diagnostik und Therapie im HNO-Bereich mit seinen spezifischen Problemen. Die methodischen Angaben zu allergologisch-diagnostischen Verfahren und ihre graphische Heraushebung erlauben einen direkten Zugriff für ihre unmittelbare klinisch-praktische Verwirklichung. Der Bezug zur täglichen HNO-ärztlichen Praxis wird hier in die Tat umgesetzt. Auch für Hautärzte, Pulmologen, Internisten und Allgemeinmediziner, die mit allergologischen Problemen konfrontiert werden, ist das Buch ein wertvoller Ratgeber in der Praxis.

„Der Leser überzeuge sich selbst, wie didaktisch einprägsam ihm die theoretischen Grundlagen der Allergologie erschlossen werden und wie betont ihre praktische Anwendung zu Wort kommt."

Aus dem Geleitwort von K. Terrahe

Springer-Verlag
Berlin Heidelberg New York
London Paris Tokyo

Printed by Books on Demand, Germany